中国水利水电科学研究院基金资助出版

高坝泄洪消能新技术

——宽尾墩联合消能工与窄缝挑流消能工研究与实践

谢省宗　著

U0253267

黄河水利出版社

·郑　州·

内 容 提 要

针对高水头、大流量高坝泄洪中出现的消能技术难题,我国几代科研工作者创新性地提出了宽尾墩联合消能工和窄缝挑坎挑流消能工,显著提高了消能效果和消能防冲工程的安全度,收缩式消能工已成为我国解决高坝、大流量泄洪消能的利器。本书系统地介绍了收缩式消能工的消能机制、水力特性、体型选择、布置形式和水力计算方法,并结合模型试验成果和原型观测资料,印证了设计原理的有效性。

本书可为水利工程设计人员提供参考,也可供相关领域科研、管理人员和大专院校师生阅读参考。

图书在版编目(CIP)数据

高坝泄洪消能新技术:宽尾墩联合消能工与窄缝挑流消能工研究与实践/谢省宗 著.—郑州:黄河水利出版社,2023.2

ISBN 978-7-5509-3364-4

Ⅰ.①高… Ⅱ.①谢… Ⅲ.①高坝-泄洪消能-研究 Ⅳ.①TV649

中国版本图书馆 CIP 数据核字(2022)第 159597 号

策划编辑:陶金志 电话:0371-66025273 E-mail:838739632@qq.com

出 版 社:黄河水利出版社   网址:www.yrcp.com

地址:河南省郑州市顺河路黄委会综合楼 14 层   邮政编码:450003

发行单位:黄河水利出版社

发行部电话:0371-66026940、66020550、66028024、66022620(传真)

E-mail:hhslcbs@ 126.com

承印单位:河南新华印刷集团有限公司

开本:787 mm×1 092 mm 1/16

印张:11.5

字数:266 千字

版次:2023 年 2 月第 1 版   印次:2023 年 2 月第 1 次印刷

定价:96.00 元

前　言

　　水利枢纽一般由挡水建筑物、泄水建筑物和兴利建筑物三大部分组成。泄水建筑物是水利枢纽工程的重要组成部分。当挡水建筑物成功蓄水以后,泄水建筑物担负着宣泄、控制洪水和向下游供水的重要任务,是保障枢纽安全并使兴利建筑物充分发挥效益的关键建筑物。

　　由于挡水建筑物抬高了河道上游的水位,当泄水建筑物向下游宣泄洪水时,势能转化为动能,水流流速大大提高,一般而言,将大大地超过下游河道的抗冲流速,并可能引起下游河道的严重冲刷,危及建筑物的安全,因此必须采取适当的消能防冲措施,将下泄高速水流的动能消散,实现和下游河道正常水流的过渡和衔接,这就是泄水建筑物的泄洪消能问题。

　　泄水建筑物泄洪消能问题的水力设计,应综合考虑挡水建筑物、泄水建筑物和兴利建筑物三者之间的关系,合理布局。根据坝址的地形、地质和水文条件,合理选取泄洪方式(河岸式、河床式);泄水建筑物的形式(溢流坝、溢洪道、泄洪洞等)和布置;选择经济、合理的消能方式(底流、戽流、挑流),解决好水利枢纽的安全泄洪、充分消能和防止下游冲刷的工程措施。它涉及枢纽的总体布置、泄水建筑物和消能工的选型、高速水流问题、下游河床及岸坡防护及工程造价等一系列问题,并往往要求进行水工模型试验和开展相应的高速水流研究,其中高水头、大流量的高坝泄洪消能问题,往往是大型水利枢纽工程设计中的一个重大而复杂的科学技术问题。据不完全统计,泄水建筑物及其消能防冲设施的工程建设费用常占水工建筑物工程总造价的 $1/3 \sim 1/2$。改革开放以后,我国相继研究成功并已在工程中广泛应用的新型消能工中,成效最卓著的首推收缩式消能工,即"宽尾墩联合消能工"和"窄缝挑坎挑流消能工",前者收缩是在溢流坝顶的闸墩之间进行的,它一般在高溢流坝的底流式消能工中应用,后者收缩是在挑流鼻坎处进行,它一般运用于高坝挑流式消能工。收缩式消能工在工程中的实施,都能显著增进消能效果,减小下游冲刷,提高消能防冲工程的安全度,使一批大中型工程长期存在的、难以用常规消能工解决的泄洪消能难题得以解决,缩小了消能防冲设施的工程规模,节约了工程投资及缩短工期,从而获得巨大的经济效益和社会效益。1985 年,收缩式消能工技术以《宽尾墩、窄缝挑坎和掺气减蚀的研究和应用》获国家科技进步二等奖。

　　宽尾墩是我国首创的一项新技术,在其发展的过程中,值得提出的有 3 个里程碑式的工程:①1985 年,宽尾墩技术应用于汉江 800 MW 的安康水电站(坝高 $H = 128$ m,流量 $Q = 19\,405$ m³/s),形成"宽尾墩—消力池联合消能工",使溢流表孔和中孔消力池的长度分别缩短了 1/3 和 1/2,并以《宽尾墩消力池联合消能工》获国家发明三等奖。②1986 年,根据五强溪水电站的泄洪消能特点,提出了宽尾墩—中(底)孔—消力池联合运用新方式。这种新型消能工可以在增加消力池单宽流量的条件下,提高消力池的消能率,并在沅江 1 200 MW 的五强溪水电站($H = 85.8$ m,$Q = 51\,000$ m³/s)成功应用,并以《新型消能工在五强溪水电站的应用》获得国家电力公司的科技进步三等奖。③1989年,宽尾墩技术应用于红水河上游的1 210 MW岩滩水电站($H = 110$ m,$Q = 32 768$ m³/s)溢流坝的戽式消力池,形成"宽尾墩—戽式消力池联合消能工",把传统的戽式消力池"三滚一浪"的面流流态转变为高消能率的完全三元水跃,大大提高了戽式消力池的消能率,并先后获得国家能源部和广西壮族自治区的科技进步二等奖。除上述工程外,还有潘家口($H = 103$ m,$Q = 43 300$ m³/s)、百色($H = 130$ m,$Q = 11 344$ m³/s)、隔河岩($H = 151$ m,$Q = 23 458$ m³/s)、大朝山($H = 110$ m,$Q = 16 646$ m³/s)、桃林口($H = 91.3$ m,$Q = 29 501$ m³/s)、碗米坡站($H = 64.5$ m,$Q = 20 451$ m³/s)、景洪等大中型水利水电工程应用宽尾墩技术,其中景洪最大坝高108 m,最大单宽流量达331 m³/(s·m),是迄今为止宽尾墩—消力池联合消能工解决高坝大单宽、低弗劳德数底流消能的最高水平。

关于窄缝挑坎收缩式消能工,20世纪70年代,林秉南院士首次向国内介绍了葡萄牙卡勃利尔坝溢洪道末端的窄缝式挑坎。1978年,中国水利水电科学研究院李桂芬、高季章首次系统地研究了窄缝挑坎的水力特性,并首先推荐在我国湖南东江水电站右岸溢洪道成功应用。以后国内许多高水头泄洪工程的挑流消能工,都纷纷采用窄缝挑坎收缩式消能工,如龙羊峡、隔河岩、东风、天生桥一级、李家峡、水布垭等。在研究过程中,对窄缝挑坎收缩式消能工的体型有所创新和发展,并发展了其水力计算理论,许多成果已经成为我国2001年《溢洪道设计规范》(SL 253—2000)修编的依据。

目前,收缩式消能工已经是一项成熟的技术,在高坝底流或戽流消能技术方面,宽尾墩消力池或宽尾墩戽式消力池联合消能工已经成为高水头、大单宽、低弗劳德数底流或戽流消能的首选方案;在挑流消能方面,窄缝挑坎及其变形的挑流消能工,也已经成为解决狭窄河谷、高水头大流量泄水建筑物挑流消能工的重要备选方案。

中国水利水电科学研究院历届领导对收缩式消能工的研究十分重视,早在1989年进行的安康溢流坝宽尾墩—消力池联合消能工的试验研究时,覃修典和陈椿庭前院长都曾亲临指导,林秉南前院长率先提出"宽尾墩"的概念并首次在国内倡导"窄缝式挑坎"。特别要提出的是中国水利水电科学研究院水力学研究所李桂芬前所长作为中国水利学会、中国水电发电工程学会水工水力学专业委员会主任委员,亲自主持了安康水利枢纽和岩滩水利枢纽泄洪消能方案的审定,为"宽尾墩—消力池联合消能工"和"宽尾墩—戽式消力池联合消能工"付诸工程实践居功至伟。

此外,任何重大工程的泄洪消能方案采用新技术,没有设计方的支持和参与是不可能实现的,在安康"宽尾墩—消力池联合消能工"的研究中,水利电力部北京水利水电勘察设计院林可冀总工程师和于忠政总工程师既是设计者又是研究者,他们和中国水利水电科学研究院密切合作,终于使我国首创的第一个"宽尾墩—消力池联合消能工"工程得以问世,他们也因此共同获得了"国家发明三等奖";在岩滩"宽尾墩—戽式消力池联合消能工"的研究中,广西电力局前局长吴胜光,广西电力勘察设计院领导和水工设计负责人周才力、罗秉珠等都给予大力支持和帮助;在五强溪"宽尾墩—中(底)孔—消力池联合消能工"的研究中,水利电力部中南水利水电勘察设计院梁文浩总工程师和陈其煊、柯天河总工程师都给予大力支持和帮助;目前工作水头最高的广西红水河百色水利枢纽的"宽尾墩—底孔—消力池联合消能工",在研究过程中也得到总工程师卢庐的大力支持和帮助。

正是他们的精心设计,才使得各类宽尾墩联合消能工有了重大应用和发展。

本书目的在于向读者介绍有关收缩式消能工水力计算的理论和方法,其内容包括收缩式消能工的两大部分,即"宽尾墩联合消能工"和"窄缝挑坎挑流消能工"。每一部分都包括该种收缩式消能工的消能机制、流动特征、水力特性、水力要素计算、体型选择和布置形式等。有关章节进行的理论分析和提出的计算方法,均紧密结合模型试验成果和原型观测资料,具有较大的使用价值。

本书的出版得到中国水利水电科学研究院出版专项基金的资助,并得到了中国水利水电科学研究院水力学研究所吴一红所长和水力控制研究室主任杨开林教授的大力支持。在成书的过程中,高速水流和流激振动研究室李世琴、陈文学曾参与部分工作,水力控制研究室郭新蕾、郭永鑫、王涛、付辉和李甲振等同志为本书的打印、制图等工作提供了帮助,在此一并致谢!

本书内容紧密结合工程实际,希望对从事收缩式消能工设计、科研及有关的科技人员有所助益。水平所限,不当之处,敬请批评指正。

作　者

2022 年 11 月

目　录

上篇　宽尾墩联合消能工

第1章　概　述

1.1　宽尾墩联合消能工在我国的发展

宽尾墩联合消能工是我国首创的一项高坝、大流量的泄洪消能新技术,宽尾墩消能工又可称为堰顶收缩射流技术。如果从1978年龚振瀛发表的"堰顶收缩射流及趾部戽式消力池联合消能工"一文算起,到现在已经有四十余年的发展历史。四十多年来,宽尾墩联合消能工在我国已得到蓬勃的发展,几乎所有的消能方式都有与宽尾墩联合运用的新型消能工建成并投入运用,例如潘家口宽尾墩—挑流联合消能工(挑流,1980年建成),安康的宽尾墩—消力池联合消能工(底流,1990年建成),岩滩的宽尾墩—戽式消力池联合消能工(淹没面流,1993年建成)。此外,还有宽尾墩与多种消能方式联合运用的新形式,如隔河岩的宽尾墩和挑流、水垫塘联合运用的新形式:五强溪的宽尾墩—底(中)孔(挑流)—消力池联合消能工(挑流、底流,1994年建成)。最近,由于碾压混凝土(RCC)坝的发展,出现了宽尾墩与阶梯式坝面消能联合运用的新形式,如福建水东的宽尾墩—阶梯式坝面—消力池联合消能工(坝面消能、底流,1993年建成);2001年建成的高达120 m的、目前世界最高的大朝山碾压混凝土坝的宽尾墩—台阶式溢流坝—戽式消力池联合消能工。除上述的大中型水电工程外,河北的桃林口的宽尾墩—消力池联合消能工,广西百色的宽尾墩—底孔(挑流)—消力池联合消能工,其他如广西、四川、吉林等一些省份都有一些中小型工程应用宽尾墩联合消能工的工程实例。

宽尾墩联合消能工在工程中的应用,解决了一些大型工程中因复杂的地质和水文条件下长期难以解决的高坝泄洪消能问题,使消能工的工程造价减少并缩短了工期,创造了巨大的经济效益和社会效益。例如,安康表孔和中孔溢流坝消力池由于采用了宽尾墩,消力池的长度分别缩短了1/3和1/2,消力池底板减薄2 m,同时还有简化围堰下游的防护工程、加速施工进度、保证提前发电等社会效益;又如五强溪左侧表孔消力池采用了宽尾墩—底孔—消力池联合消能工,坝轴线缩短了20余m,相应减少了所要求的溢流前沿长度,消力池长度也缩短了,由此减少了109万 m³ 土石方开挖和4 万 m³ 混凝土工程量。这些是宽尾墩联合消能工在水利水电工程应用的典型实例,它们说明科研成果转化为生产力的巨大威力。由于宽尾墩联合消能工的巨大贡献,它于1985年获国家科技进步二等奖,于1991年获国家发明三等奖。

宽尾墩联合消能工在我国的出现不是偶然的,而是在安康特定的泄洪消能条件下诞生的。1974年,当林秉南应邀在安康对泄洪消能问题进行咨询时,与龚振瀛共同认识到平直的闸墩不如在尾部扩宽的闸墩的消能效果好。之后,龚振瀛正式在安康水工模型中进行宽尾墩试验,并将其科研成果总结成文,正式提出宽尾墩联合消能工。由于种种原因,宽尾墩联合消能工在当时并未列入安康泄洪消能的设计方案,但却为后来安康溢流坝底流消能工和宽尾墩相结合提供了技术储备。1978 年,根据林秉南的建议,刘树坤等把宽尾墩应用于潘家口溢流坝的挑流消能工的试验中,对宽尾墩和挑流联合消能的效果,给予了肯定。随后在溢流坝左侧建成了 3 孔宽尾墩—挑流联合消能工试验坝段,开创了宽尾墩联合消能工应用于大型水利水电工程的先例。约与此同时,经林秉南的建议,广西电力局勘测设计院周才力等和黄河水利委员会(简称黄委)柴炳钦等同志,又分别对岩滩和故县的水力枢纽的消能设施进行宽尾墩联合消能工的试验研究,增进消能效果也很好。

1981 年,安康溢流坝表孔最终确定为底流消能方案后,面对池长仅 100 m 左右的表孔消力池,如何满足设计要求,举步维艰。于是设计人员和科研人员重新提出在安康表孔采用宽尾墩—消力池联合消能工方案,并首先在中国水利水电科学研究院(简称水科院)1:100 整体及 1:65 的断面水工模型上进行试验并获得了成功,特别是在断面模型上,加宽尾墩与不加宽尾墩两种方案,无论是从消力池内的流态或消力池外的冲刷形态来看,前者都大大优于后者。至此,设计及科研人员对宽尾墩消能技术在认识上都产生了飞跃,并导致北京勘测设计院提出了安康泄洪消能的专题报告(“八·三”方案),报告中肯定了安康河床五表孔采用一级短消力池加宽尾墩,即宽尾墩消力池联合消能工。它标志着安康枢纽泄洪消能布置取得了突破性进展,以及我国在底流消能技术方面取得了重大突破。此后,经过水科院水力学研究所、西北水利科学研究所有关同志的不断改进和研究,宽尾墩消力池联合消能工的优越性日益突出,它的水力特性日益为人们所认识。1984 年,水科院水力学研究所提出在安康工程采用宽尾墩—底孔—消力池联合消能工方案(“八·四”方案),新方案的特点是利用宽尾墩后坝面的大片无水区,作为在坝身新增 4 个底孔(底孔轴线和闸墩轴线重合)的出水口,取代 2 条岸边溢洪道。新方案底孔以挑流方式进入消力池,和宽尾墩三元水跃联合运用,同时引用了“附加动量水跃”理论,以论证宽尾墩与挑流和底流联合运用的可行性和合理性。安康“八·四”方案由于考虑到当时岸边溢洪道开挖已接近完成,重新调整坝体结构布置也会带来一定的困难而未予采用,但是这一新方案标志一种新的联合消能工的诞生,同时意味着由宽尾墩技术派生出来的坝面无水区将带来溢流坝面的重大革新,为后来五强溪采用宽尾墩—底孔—消力池联合消能工提供了技术储备。也在 1985 年,经过进一步研究,在水力条件更为苛刻的安康中孔消力池也采用了宽尾墩(1#孔不对称宽尾墩,2#、3#孔差动式宽尾墩—拆流墩)联合消能工,并形成“八·五”方案。至此,安康水电工程中的三大难题之一的泄洪消能问题基本上得到完满的解决。1986 年 11 月,中国水力发电工程学会、陕西省水力发电工程学会在西安召开了水力发电工程学会水工结构和水力学专业委员会成立大会暨“安康泄洪消能技术评议会”,对安康泄洪消能的“八·五”方案做了技术鉴定。会上对安康表孔、中孔采用宽尾墩消力池联合消能工和对宽尾墩的科研成果给予了高度评价,同时研讨了宽尾墩的消能机制,这次会议对宽尾墩技术的发展是一个里程碑。

1985 年,中南勘测设计研究院决定在五强溪采用宽尾墩—底孔—消力池联合消能工方案,通过水科院水力学所和中南勘测设计研究院水科所大量的试验研究工作的基础上,选定右侧 3 孔宽尾墩—消力池联合消能工和左侧宽尾墩—底孔—消力池联合消能工方案。该方案将原左侧 7 孔平尾墩消力池改为 6 孔宽尾墩—底孔—消力池联合消能工,用新增 5 个坝身底孔的流量取代 1 个原平尾墩表孔的流量,从而缩短了溢流前沿约 20 余 m,取得了显著的经济效益和社会效益。

1987 年,广西电力勘测设计院决定与水科院合作研究岩滩采用宽尾墩—戽式消力池联合消能工,并开展了水力学试验,试验结果充分肯定宽尾墩和戽式消力池联合运用的可行性,该方案于 1989 年 12 月通过技术鉴定。

1987 年,清江隔河岩工程初设审查会在北京召开,水科院水力学所在会上介绍了宽尾墩技术并推荐宽尾墩—底孔—水垫塘联合消能工,以底孔取代岸边溢洪道的方案,至 1988 年 10 月在北京召开泄洪消能专题讨论会时,长江科学院(简称长科院)的同志经过大量的水力模型试验论证了这一方案的可行性,该方案最后在工程中得到采用。

1990 年,水科院提出在碾压混凝土溢流坝上研究宽尾墩—阶梯式坝面联合消能工,并列为水电部重点科技项目(B901175),该项目以福建水东水电站为研究对象,并和福建省水利水电勘测设计院协作共同进行研究,这一方案于 1991 年 10 月通过技术鉴定,1993 年建成。1994 年 5 月,联合消能工经受到一次百年一遇洪水的考验,情况良好。

以上情况说明,针对安康特定的泄洪消能难题而开发出来的宽尾墩联合消能工,并不是一种技术上的权宜之计,它不但以能显著提高传统的底流和面流的消能效率而著称,而且有其深刻的水力学理论作为依据,因而是一项普遍适用的、有强大生命力的新技术。

目前,几乎所有的消能方式(底流、戽流、挑流、坝面消能等)都有和宽尾墩联合运用的新型消能工建成并投入运用:

(1)宽尾墩—挑流联合消能工(宽尾墩和挑流联合消能):1980 年建成的坝高 103 m 的潘家口宽缝重力坝,最大泄洪流量 43 300 m^3/s,其溢流坝设 18 个 15 m×15 m 的表孔。在右侧坝段 7 个表孔中最靠右的 3 孔采用了宽尾墩—挑流联合消能工,它是宽尾墩联合消能工第一个在国内大中型工程中应用的实例。湖北清江的隔河岩重力拱坝的宽尾墩—底孔—水垫塘联合消能工也属于宽尾墩—挑流联合消能工。

(2)宽尾墩—消力池联合消能工(宽尾墩和底流联合消能):1985 年,宽尾墩技术首次应用于汉江 800 MW 的安康水电站(坝高 H=128 m),使其溢流坝的表孔和中孔消力池的长度分别缩短了 1/3 和 1/2,并以堰顶收缩射流及其消能装置获国家发明专利。此外,河北桃林口、湖南的碗米坡、云南澜沧江的景洪水利枢纽等一批大型水利水电工程也都采用宽尾墩—消力池联合消能工,并取得了显著的工程效益,其中景洪水利枢纽最大坝高 108 m、最大单宽流量达 331 $m^3/(s·m)$,是迄今为止宽尾墩—消力池联合消能工解决高坝大单宽、低弗劳德数底流消能的最高水平。

(3)宽尾墩—戽式消力池联合消能工(宽尾墩和戽流联合消能):1989 年,宽尾墩技术应用于红水河上游的 1 210 MW 岩滩水电站溢流坝表孔的戽式消力池。岩滩水电站溢流坝表孔为 7 个尺寸为 15 m×21 m,是枢纽主要泄水建筑物,最大宣泄流量为 32 320 m^3/s,相应单宽流量为 241 $m^3/(s·m)$,入池弗劳德数小于 4.5,是一个典型的大单宽、低弗劳德数的大型消能工。受各方面条件限制,原设计为戽式消力池消能,即在反弧末端和戽坎之间有一个长度只有 40 m 的水平段。因此,在宣泄小流量时,戽池内产生底流式水跃,且流态多变;而在宣泄大、中流量时产生"三滚一浪"的典型戽流流态,消能不充分,下游冲刷严重,其消能防冲问题亟待进一步解决。通过采用宽尾墩技术,形成宽尾墩—戽式消力池联合消能工后,即使在消力池池长只有 40 m 的情况下,在各级流量下都能形成稳定的三元水跃,问题得到解决。岩滩的宽尾墩—戽式消力池联合消能工,把传统的戽式消力池"三滚一浪"的面流流态转变为高消能率的完全三元水跃,大大提高了戽式消力池的消能率,减少了两岸护坡工程的投资,并先后获得国家能源部和广西壮族自治区的科技进步二等奖。

(4)宽尾墩—底(中)孔(挑流)—消力池联合消能工(宽尾墩和挑流、底流联合消能):1986 年,在进行安康宽尾墩—消力池联合消能工试验时,首次提出了利用宽尾墩后坝面无水区,沿闸墩轴线方向布置坝身泄洪底(中)孔的出口,使底(中)孔水流注入宽尾墩消力池三元水跃的跃首,形成宽尾墩—底(中)孔(挑流)—消力池联合消能工,这种底流—挑流联合消能的新型消能工形成表孔、底(中)孔泄洪的重叠式布置,以及表孔、中孔共用一个消力池,具有枢纽布置紧凑、运行方便等优点。1989 年,这种新型消能工首次为沅江 1 200 MW 的五强溪水电站($H=85.8$ m,$Q=51\ 000$ m³/s)的左侧消力池所采用。原设计左侧消力池为 7 个 19 m×23 m(宽×高)的表孔,通过采用宽尾墩—戽式消力池联合消能工,将左消力池改为 6 个 19 m×23 m 的表孔和 5 个中孔,表孔、中孔重叠式布置,共用左消力池消能,使坝轴线缩短了 24 m,减少了大量的岸坡开挖和一个坝段的工程量,取得了显著的工程效益。1989 年以"新型消能工在五强溪水电站的应用"获得国家电力公司的科技进步三等奖。相同形式的新型消能工,也于 1996 年在百色水利枢纽溢流坝表孔(4 表孔+3 泄洪放空底孔)建成。

(5)宽尾墩—阶梯式坝面(坝面消能)—消力池(戽式消力池)联合消能工(宽尾墩和阶梯式坝面、消力池联合消能):宽尾墩闸墩后面的溢流坝面存在大片无水区,其面积可达 60%～70%,其余 40%～30%为宽尾墩溢流区。通常,混凝土坝溢流面的施工分两期进行,第一期为台阶式的,第二期为高强度等级混凝土按设计坝面曲线浇筑,施工十分复杂。采用宽尾墩闸墩后,整个溢流坝面第二期高强度等级混凝土回填已无必要。由此,形成了宽尾墩—台阶式溢流坝面—消力池联合消能工,是一项高坝台阶式坝面消能和底流消能相结合的创新技术。宽尾墩—阶梯式坝面(坝面消能)—戽式消力池联合消能工首次在坝高 57m 的 RCC 坝、单宽流量 120 m³/(s·m)福建水东水电站溢流坝表孔实现,1994 年 5 月经历了一次大洪水考验,事后检查,台阶完好无损。2001 年在高达 120 m 的、世界最高的大朝山 RCC 溢流坝表孔,建成了宽尾墩—台阶式溢流坝—戽式消力池联合消能工,其最大单宽流量达 198 m³/(s·m)。由于采用了这项新技术,表孔溢流坝碾压混凝土进行分层通仓浇筑,实现了真正意义上的全断面快速施工,从而大大加快了施工进度,缩短了工期;同时,用 1 万多 m³ 200#碾压混凝土置换 300#高强度等级碾压混凝土,二者经济效益巨大。

部分已建、在建和拟建的一些宽尾墩联合消能工的主要工程技术指标见表 1-1。

表 1-1 采用宽尾墩联合消能工主要技术指标

工程名称	潘家口	隔河岩	安康	五强溪		岩滩	水东	桃林口	大朝山	百色	碗米坡	景洪
坝型	重力坝	重力拱坝	重力坝	重力坝		重力坝(RCC)	重力坝(RCC)	重力坝(RCC)	重力坝(RCC)	重力坝(RCC)	重力坝(RCC)	重力坝(RCC)
坝高（m）	103	151	128	85.8		110	57	91.3	110	130	64.5	114
泄洪建筑物[1]	表孔 18-15 m× 15 m	表孔 7-12 m× 18.2 m	表孔 5-15 m× 17 m	表孔（右坝） 3-19 m× 21.5 m	表孔、中孔（左坝） 6-19 m×21.5 m （表孔）, 5-3.5 m×7 m （中孔）	表孔 7-15 m× 21 m	表孔 4-15 m× 15 m	表孔 11-15 m× 17.6 m(中)	表孔 5-14 m× 17 m	表、中孔 4-14 m× 18 m （表孔）, 3-4 m× 6 m(中孔)	表孔 5-16 m× 19.5 m	表孔 7-15 m× 21 m
消能工形式[2]	K-T	K-T(负角)	K-X	K-X	K-T-X	K-F	K-J-F	K-T-X	K-J-X	K-T-X	K-X	K-X
校核洪水频率（%）	0.02	0.01	0.01	0.01	0.01	0.02	0.1	0.02	0.02	0.02	0.01	0.02
最大泄洪量[3]（m³/s）	43 300	19 988	19 405	17 000	34 000	32 768	8 323	29 501	16 646	11 344	20 451	34 800
坝前水位（m）	227.03	204.88	337.05	114.07	114.07	229.71	144.17	161.26	905.89	231.27	254.10	609.4
下游水位（m）	155.8	99.80	276.30	78.77	78.77	193.21	116.32	99.42	847.00	135.63	225.08	581.7
上、下游水位落差（m）	71.23	105.0	60.75	35.93	35.93	36.42	27.89	61.84	58.89	95.64	29.02	27.7
单宽流量 表孔	210.0	187.66	209.30	298 (236.1)	—	308 (241.0)	120.6	146.8	193.6	177.6 (137.0)	255.6	331.1
单宽流量 表孔、中孔	—	—	—	—	298.0 (254.5)[4]	—	—	—	—	—	—	—
总泄洪功率（MW）	30 257	19 988	11 350	5 800	13 040	11 707	2 274	17 897	9 617	11 146	5 822	9 458
单宽泄洪功率（MW/m）	94.3	193.2	130.5	86.6	92.2	95.2	33.0	89.0	117.3	133	63.3	76.9
建成时间	1980年	1996年	1996年	1997年	1997年	1993年	1993年	1999年	已建	已建	已建	2009年

注：1. 指本工程采用宽尾墩技术的泄洪建筑物；

2. K为宽尾墩，F为岸式消力池，J为阶梯式坝面，T为挑流，X为消力池；

3. 指校核洪水流量；

4. 括号内为入池单宽流量。

1.2 宽尾墩联合消能工增进消能的基本原理

传统的溢流坝闸孔的闸墩通常是平尾型[见图 1-1(a)]或尖尾型[见图 1-1(b)],若把闸墩的厚度由中部向尾部逐步增加,改为如图 1-1(c)所示的宽尾型,则称为宽尾墩。由于宽尾墩是在溢流坝堰顶进行收缩的,并且结构上和闸墩结合在一起,是收缩式消能工的一种重要形式。

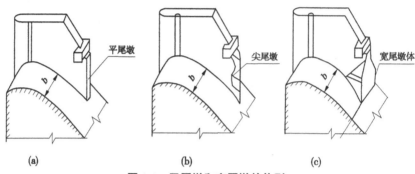

图 1-1 平尾墩和宽尾墩的体型

通常溢流坝堰顶溢流曲线为 WES 曲线,在平尾墩的情况下,过堰水流在通过闸室时,水舌以"一"字形薄层下泄;而在宽尾墩的情况下,由于闸墩厚度从闸室中部的宽尾墩起点向墩尾逐渐扩宽,闸室过水的有效宽度随之逐渐缩窄,促使出闸水流厚度在闸室内进行横向收缩并竖向扩展,至墩尾则形成一股窄而高的"1"字形的三元收缩射流沿坝面下泄,这种由宽尾墩形成的沿溢流坝面下泄的三元水流,称为堰顶收缩射流技术。它和传统的底流消能工、戽流消能工或挑流消能工联合运用,则形成各种宽尾墩联合消能工,因为宽尾墩只提供坝面溢流的三元水力条件,自身并没有消能作用,它只能和其他消能工联合才能发挥其消能作用,故称为宽尾墩联合消能工。此外,在常规的平尾墩溢流时,原来的溢流坝面为水流全覆盖,而在宽尾墩溢流时,宽尾墩后的溢流坝面将出现大片无水区,其面积可达 60%~70%,其余 40%~30%为宽尾墩溢流区。可以利用无水区来沿宽尾墩轴线设置泄洪底孔或中孔的出口,实现溢流表孔和底(中)孔的重叠式布置,使中孔的挑流和底流共用一个消力池进行联合泄洪和消能,达到缩短溢流坝的溢流前沿的目的,也可以简化溢流坝坝面施工。由此演绎出一系列以宽尾墩联合消能工为主体的高坝、大单宽流量新型泄洪消能新技术,它是我国高坝水力学的一项自主创新。

典型宽尾墩的体型如图 1-2 所示。图 1-2(a)称为基本型,扩宽闸墩的混凝土三角体成楔状(潘家口型);图 1-2(b)称为 Y 型 I,扩宽闸墩的混凝土楔状三角体在上部被切去,但收缩起点的墩体保留一定高度 h(五强溪、岩滩型);图 1-2(c)称为 Y 型 II:扩宽闸墩的混凝土楔状三角体在上部被切去,但 $h=0$(安康型)。

宽尾墩的体型参数可定义为:

(1)闸孔收缩比: $\varepsilon = b_0/B_0$ (1-1)

(2)闸孔收缩率: $\xi = (1-\varepsilon) \times 100\%$ (1-2)

（3）闸孔收缩角：$\qquad \theta = \tan^{-1}\left[B_0 - b_0\right)/2L\right]$（对称型） $\qquad$ （1-3）

式中：B_0 和 b_0 分别为闸孔收缩前和收缩后的净宽；L 为收缩起点到闸墩尾部的距离。

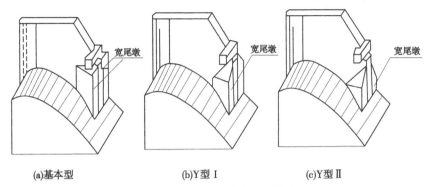

(a)基本型 $\qquad$ (b)Y型Ⅰ $\qquad$ (c)Y型Ⅱ

图 1-2 典型宽尾墩的不同体型

宽尾墩联合消能工之所以能增进消能效果，实质上都是堰顶收缩射流形成的一系列水流内部结构及水力特性变化的结果。当过堰水流被宽尾墩在堰顶改变成三元窄高收缩射流沿坝面下泄时，由该处发展出两支冲击波，并在闸室出口附近交汇。冲击波的交汇激起一股飞溅水流并掺气（见图 1-3），从而耗散一小部分水流动能；但是绝大部分流量以三元收缩射流水舌的形态沿坝面下泄，由于三元水舌两侧为自由面，其压力为大气压，因而在下泄过程中，两侧受到巨大的侧压力而坦化，特别是进入反弧时，受到离心力的作用，水舌迅速向两侧坦化变成扁平状，并向两侧扩散，当相邻各

图 1-3 宽尾墩出闸孔水流流态

孔水舌在反弧段两两相遇碰撞时，激起巨大水冠并消能。若为挑流消能，碰撞发生在空气中，引起大量掺气，挑射水舌也变成高、低两股水舌，从流态看，类似于差动鼻坎，所以宽尾墩和挑流的联合运用，其消能的基本原理是：冲击波交汇掺气消能（少量）、反弧段相邻水股的碰撞掺混掺气消能和水舌撕开差动并大量掺气消能。若为底流消能或戽流消能，相邻水股的碰撞和掺混发生在水垫中，除交汇水股本身的碰撞掺混产生动量交换而消能外，还和水垫的水体进行强烈的紊动扩散和掺混，水流通过自身强烈的紊动剪切作用而大量消耗动能（转化为热能和势能）；从流态看，原来的平尾墩型消力池（或戽式消力池）的二元水跃（或不完全水跃），已经变成三元水跃，它的消能率大大增强，所以宽尾墩和底流或戽流的联合运用，其消能的基本原理是：除堰顶冲击波交汇掺气消耗一小部分动能外，大

量的动能是由于相邻水股在反弧段向两侧坦化并在水垫中的碰撞掺混,从而在消力池内形成三元水跃,大大加强水流自身的紊动剪切作用。上述的消能原理是结合工程通过一系列试验得以明确和证实的。

第 2 章　宽尾墩—消力池联合消能工

2.1　工程背景

安康水电站是位于汉江上游的一座大型水利水电枢纽,装机容量 80 万 kW,主坝采用折线型整体式混凝土重力坝,最大坝高 128 m,河床中部布置溢流坝段,包括 5 个 15 m×17 m 的开敞式表孔、左侧 5 个 11 m×12 m 的带胸墙的中孔和 4 个设在 2 个纵向施工导墙坝段上的 5 m×8 m 的泄洪排沙底孔。形成 5 表孔、5 中孔(河床 3 孔、岸边 2 孔)和 4 底孔的泄洪布置方案(见图 2-1、图 2-2)。

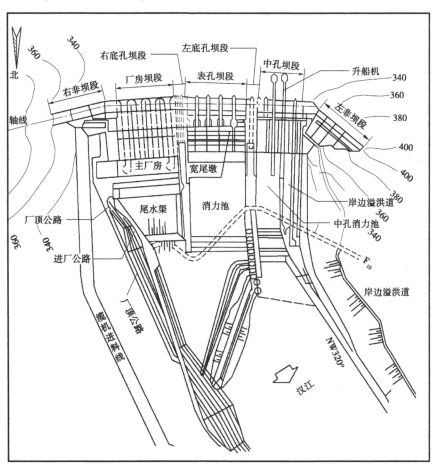

图 2-1　安康水电站平面布置

安康水电站的泄洪建筑物的水力设计和下游防护问题技术难度较大,主要有以下几

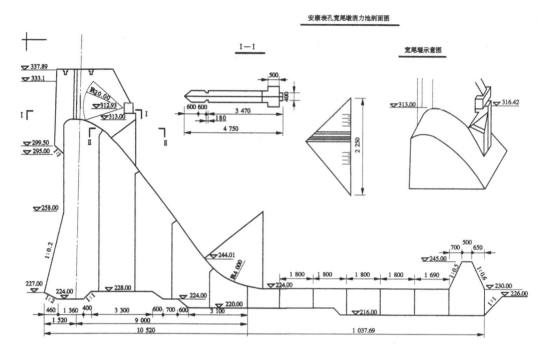

图 2-2　安康表孔溢流坝剖面图

方面：

（1）流量大,汉江洪水峰高量大,经水库调节后,校核洪水(0.01%)位 337.05 m,下泄流量为 37 600 m³/s,下泄总功率 2 285 万 kW;设计洪水(0.1%)位 331.10 m,下泄流量为 31 500 m³/s,下泄总功率 1 852 万 kW。

（2）坝址处于河流弯道,河谷狭窄,水面宽不足 200 m,两岸岸坡较陡,要将所有泄洪建筑物、电厂和通航建筑物在这一狭窄河段有序布置十分困难。

（3）坝址区为古老震旦纪绢云母千枚岩,岩性软弱,构造发育,抗冲能力差。因此,安康水电站的泄洪消能问题十分复杂。特别是在后来枢纽总体布置不能变动,施工导流建筑物已成定局,消力池长度和宽度不能任意增加的特定前提下,消能防冲工程设计的难度很大。

泄洪消能是安康水电站工程的三大技术难题之一,其泄洪消能设计经历从 1970 年开始,一直到 1980 年才最终定案,其中河床 5 表孔和 3 中孔,采用宽尾墩技术,左岸溢洪道采用窄缝挑坎技术,是全面接受收缩式消能工的第一个大型水利水电工程。

安康水电站河床 5 表孔是枢纽的主要泄洪建筑物,采用底流消力池消能。表孔尺寸 15 m×17 m(高×宽),整体跨越左 0+114.5 至左 0+205.5 的河床坝段。安康河床 5 表孔在宣泄能工校核洪水(0.01%)位 337.05 m 时,泄量为 19 045 m³/s;而在宣泄能工设计洪水 (0.1%)位 331.10 m 时,泄量为 14 010 m³/s,二者入池单宽流量分别为 200.5 m³/(s·m)和 147.5 m³/(s·m)。表孔溢流堰剖面图如图 2-2 所示,其堰顶高程 313 m,每孔净宽 15 m,闸墩宽 4 m,消力池净宽 95 m,长度受导流建筑物的限制,只能在 100 m 左右变动,消力池底板高程也只能限制在 229.0 m,消力池末端设有梯形消力坎,坎顶高程 243.0 m。

河床 5 表孔存在的主要水力学问题是:在上述高水头、大单宽流量和十分苛刻的工程技术条件下,消力池长度 100 m,仅为常规消力池长度的 2/3,试验表明,在宣泄大流量时,消力池内不能形成正常水跃,在消力坎下游冲刷严重;只有在中、小流量时,池内水跃才接近正常水跃状态。在枢纽总体布置不可能变动和施工导流建筑物已成定局的条件下,设计的池长和池深均已达到安康工程实际所能做到的极限,因此促使设计人员和科研人员研究和应用新型消能工,经过大量的水工模型试验和设计研究,先后提出了"八·二方案"和"八·三方案",安康河床 5 表孔采用一级底流消力池加宽尾墩的"宽尾墩—消力池联合消能工"方案终于正式得到了确认。通过采用宽尾墩—消力池联合消能工而圆满地解决了表孔消力池消能这样一个十分艰巨而复杂的问题。

最终确定的基本结构形式如图 2-2 所示,采用 Y 型 II 宽尾墩,其基本的几何参数为:

闸孔收缩比 $\varepsilon = b_0/B_0 = 6/15 = 0.40$;

闸孔收缩率 $\xi \times 100\% = (1-\varepsilon) \times 100\% = 60\%$;

墩体收缩角 $\theta = \tan^{-1}[(B_0-b_0)/2L] = \tan^{-1}[(15-6)/(2 \times 11.25)] = 21.801\ 4°$;

两侧边孔采用不对称宽尾墩,收缩比 0.5。

安康溢流坝 5 表孔的宽尾墩—消力池联合消能工,是宽尾墩堰顶收缩射流技术第一次全面而完整地应用于大型水利水电工程的工程实例。它标志着底流消能技术的重大突破。

2.2　宽尾墩—消力池联合消能工的试验研究

安康溢流坝 5 表孔的宽尾墩—消力池联合消能工的断面水工模型试验工作是在一座高 1.8 m 的玻璃水槽中进行的,模型比尺 1:65。按断面模型考虑,取两孔(3#孔及 4#孔各半孔),总宽度 38 m。模型的溢流坝面及消力池均用有机玻璃制成,在消力池内由桩号 0+108 开始至 0+198 是 5 块有机玻璃活动板,分别模拟原型的 5 块混凝土底板,并在这一范围内进行总脉动荷载及点脉动压力试验;消力坎后为动床,但在进行护坦上压力脉动试验时改为定床。试验条件见表 2-1。

表 2-1　试验条件(5 种工况)

组次	洪水名称	洪水频率 (%)	上游水位 (m)	下游水位 (m)	单孔流量 (m³/s)
1	校核洪水	0.01	337.05	276.30	3 809
2	设计洪水	0.1	333.10	274.60	2 802
3	常遇洪水 I	5.0	328.00	265.20	1 721
4	常遇洪水 II		326.00	260.50	1 369
5	单孔开启	1 个表孔加 3 台机组	330.00	249.00	2 113

　　试验研究提供了一般水力学试验成果,着重给出了平尾墩(常规)消力池和宽尾墩—消力池两种消力池的水跃形态、消能效果、溢流坝面—反弧段—底板和护坦段的动水压力,点脉动压力和总脉动荷载的试验成果,以及对底板—护坦段进行脉动压力作用下动力反应的分析成果,最后对宽尾墩—消力池联合消能工的消能效果、底板—护坦段的振动安全性做出评价并提出相应的建议。

　　此外,还进行了1:100的整体模型试验以加以论证。

2.2.1　水跃形态及消能机制

　　在安康溢流坝1:65断面水工模型试验中,平尾墩和宽尾墩两种墩型的消力池内的水跃形态出现了巨大差别。

　　(1) 图2-3是常规平尾墩消力池在宣泄设计洪水(0.01%)位331.10 m[入池单宽 $q=153.9$ m³/(s·m),入池弗劳德数 $Fr_1=7.63$]时的水跃形态,从图2-3中可以看出,由于消力池池长不足,在消力池内不能形成完全水跃,水流爬越消力坎形成很高的涌浪,并在下游形成二级跌差,消力坎后底漩强烈,下游冲刷严重。

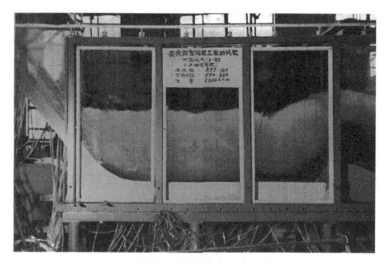

图2-3　常规平尾墩消力池内的水跃形态(不完全二元水跃)

　　(2) 图2-4是宽尾墩—消力池联合消能工消力池在宣泄设计洪水(0.01%)库水位331.10 m[入池单宽 $q=153.9$ m³/(s·m),入池弗劳德数 $Fr_1=7.63$]时的水跃形态。可以看出,在相同的水力条件下,宽尾墩—消力池联合消能工在消力池内表现为完全的三元水跃,消力坎处的涌浪消失了,池内水面壅高,上下游衔接平稳,由于消能充分,底流流速被大幅度削减,池内水面显著升高,尾坎迎水面动水压力大幅度降低,表明消力坎处来流流速很小,水流爬越坎顶的现象已消除,池内水面反而略高于下游水位,而且跃头回溯至溢流坝面的斜坡上,实质上是一种发生在斜坡上的完全三元水跃。这为研究宽尾墩—消力池联合消能工的消能机制和建立水力计算的基本方程提供了依据。

　　安康水电站表孔宽尾墩—消力池联合消能工增进消能的机制,可以从平尾墩和宽尾墩两种墩型的水跃形态体现出来。图2-4中,显示出宽尾墩消力池池内完全三元水跃的

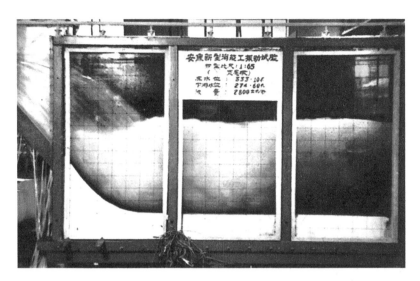

图 2-4 宽尾墩—消力池联合消能工消力池内的水跃形态
（斜坡上的完全三元水跃）

流态与平尾墩消力池池内不完全二元水跃(见图 2-3)的流态有显著的不同。宽尾墩—消力池联合消能工由于消能充分,底流流速降低,在消力坎前底部显示清水;池内水面膨胀并大量掺气,尾坎处的涌浪已经消失,池水面与下游水面衔接平稳并接近。两种水位下池内流态变化可参阅表 2-2。

表 2-2 宽尾墩和平尾墩消力池流态变化参数 （单位:m）

库水位	池内水位		坎顶涌浪水位		池水面与涌浪水位差	
	平尾墩	宽尾墩	平尾墩	宽尾墩	平尾墩	宽尾墩
337.05	274.5	282.3	284.95	281.0	−10.45	1.3
333.10	274.5	277.75	286.2	277.75	−9.7	0

2.2.2 时均动水压力

上述两种墩型的不同,引起的池内流态的变化,必然要反映在池底板的动水压力的变化上面。校核水位条件下的平尾墩(常规)消力池与宽尾墩消力池内动水压力变化曲线的对比见图 2-5。由图 2-5 可见,平尾墩消力池内压坡线变化起伏较大,而宽尾墩压坡线变化平缓,这与二者的流态特征基本一致,而且宽尾墩消力池底板的动水压力值均略大于平尾墩消力池(参见表 2-3),而在反弧面与消力坎面上则有较大降低。由此可见,宽尾墩形成的窄而高的水流导入消力池后迅速坦化、掺混,进行动量的再调整,同时通过紊动剪切而消耗了大部分能量,池内大量掺气,水面升高且趋于稳定,池底动水压力有所升高,这些都是有利于底板稳定的因素。

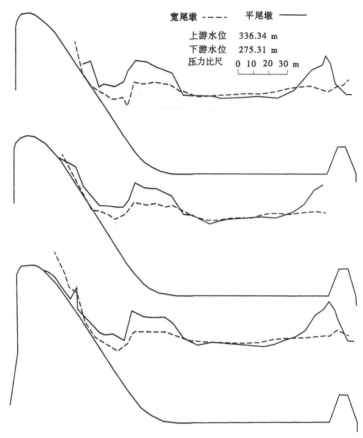

图 2-5 两种墩型消力池底板动水压力比较

表 2-3 消力池底板部位时均动水压力

测点号	设计洪水(m/H₂O)		校核洪水(m/H₂O)	
(桩号)	宽尾墩	平尾墩	宽尾墩	平尾墩
0+070	44.78	50.05	46.99	52.34
0+097	42.80	42.83	44.80	44.46
0+098	42.18	41.63	43.70	39.62
0+099	42.12	41.53	42.70	41.49
0+100	42.15	40.75	41.95	41.10
0+101	43.16	40.65	42.10	41.10
0+102	43.67	43.02	42.96	40.41
0+103	43.77	40.10	43.70	40.48
0+104	43.84	36.23	44.55	40.91
0+105	43.93	41.56	44.65	43.36
0+106	44.36	43.22	44.97	44.72
0+107	44.55	46.63	45.36	48.43
0+108	44.81	51.80	45.90	56.12
0+109	45.04	52.94	46.08	59.08

2.2.3　脉动压力试验

从反弧段桩号 0+070.15 开始到消力坎前 0+193.45,沿闸室中心线的延长线布置了 15 个点脉动压力测点,其桩号及高程见表 2-3;在消力坎护坦段,也布置了 4 个点脉动压力测点。

共量测了 5 种工况下的点压力脉动特性,每种工况都对平尾墩与宽尾墩消力池分别进行量测,其中 3 种工况下消力池底板各测点的脉动压力强度(均方根值)参见表 2-4,各测点压力脉动典型频谱(密度)图见图 2-6、图 2-7。

表 2-4　3 种工况下消力池底板压力脉动强度比较

测点位置	校核洪水				设计洪水				常遇洪水(Ⅰ)			
	平尾墩		宽尾墩		平尾墩		宽尾墩		平尾墩		宽尾墩	
	σ	C_P	σ	C_P	σ	C_P	σ	C_P	σ	C_P	σ	C_P
池 1	2.907	0.031 4	2.490	0.026 9	2.943	0.033 4	0.236	0.025 4	3.226	0.039 9	2.425	0.030 0
池 2	2.808	0.030 3	2.292	0.024 9	2.750	0.031 2	2.034	0.023 1	2.734	0.038 8	2.299	0.028 5
池 3	2.451	0.026 5	1.811	0.019 6	2.280	0.025 9	1.629	0.018 5	2.291	0.028 4	2.022	0.025 0
池 4	2.170	0.023 4	1.555	0.016 8	2.075	0.022 4	1.381	0.015 7	1.951	0.024 2	1.566	0.019 4
池 5												
池 6	2.176	0.023 5	1.257	0.013 6	1.948	0.022 1	1.105	0.012 5	1.854	0.023 0	1.088	0.013 5
池 7	2.089	0.022 6	1.254	0.013 5	1.919	0.021 8	1.105	0.012 5	1.815	0.022 5	1.327	0.016 4
池 8	1.938	0.020 9	1.126	0.012 1	1.773	0.019 1	1.001	0.011 4	1.681	0.020 8	1.713	0.021 2
池 9	2.211	0.023 9	1.153	0.012 0	2.112	0.024 0	1.164	0.013 2	1.673	0.020 7	1.757	0.021 8
池 10	3.386	0.036 6	1.357	0.014 7	3.056	0.034 7	1.497	0.017 0	1.324	0.016 4	2.358	0.029 2
池 11	1.895	0.020 5	1.040	0.011 2	1.771	0.020 1	1.192	0.013 5	1.479	0.018 3	2.314	0.028 6
池 12	1.892	0.020 4	1.122	0.012 1	1.675	0.019 0	1.088	0.012 4	1.439	0.017 8	1.011	0.012 5
池 13	1.692	0.018 3	1.061	0.011 5	1.511	0.017 2	0.946	0.010 7	1.332	0.016 5	0.873	0.016 8
池 14	1.274	0.013 8			1.320	0.015 0			1.138	0.014 1	0.699	0.008 6
池 15	2.442	0.026 4	1.076	0.011 6	2.323	0.026 4	0.611	0.006 9	1.148	0.014 2	0.636	0.007 9
护 1			1.29				1.03				0.84	
护 2			1.64				1.32				1.15	
护 3			1.51				1.41				1.32	
护 4			1.43				1.15				1.26	

注:σ 为空化数,C_P 为压力系数。

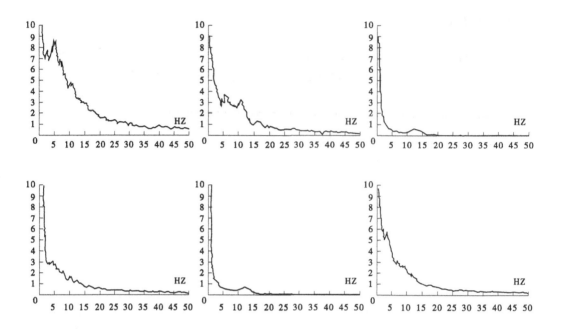

图 2-6　宽尾墩消力池底板压力脉动频谱图

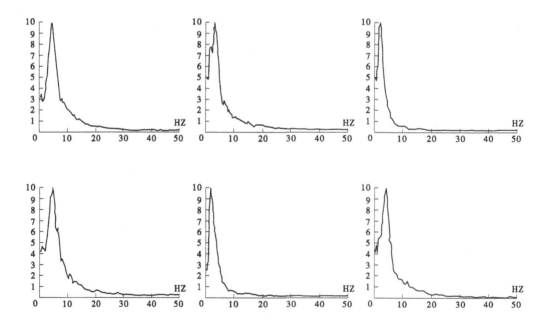

图 2-7　平尾墩消力池底板压力脉动频谱图

由表2-4及图2-6、图2-7中可见,平尾墩(常规)消力池与宽尾墩消力池各测点的压力脉动特性有显著的差异:

(1)宽尾墩消力池底板的压力脉动强度普遍比平尾墩消力池低。在池中与末端,平尾墩池底的压力脉动强度出现两个峰值,这是与参考文献[6]关于有尾坎强迫水跃的底部压力脉动的规律相一致的。以往的试验(参考文献[7])表明,水跃的淹没度增加,池底板的压力脉动强度降低,宽尾墩消力池由于消能率比平尾墩高,池内流速降低,水位上升,淹没度提高,压力脉动强度也相应降低。

(2)从频谱特性来看,平尾墩消力池压力脉动有明显的优势频率,其值在0.6~1.2 Hz,且频率高于4 Hz以后强度迅速降低;宽尾墩的压力脉动频谱优势频率不明显,而且有更多的随机分量,频率范围也宽些,这点反映宽尾墩池内水跃紊流漩涡更加破碎、掺气剧增、掺混充分的特征。

点压力脉动的测量表明,宽尾墩消力池池底压力脉动相对于常规消力池而言,对底板的稳定与振动更为有利。

2.2.4 总脉动荷载试验

通过点脉动压力试验得知,在消力池的前部,压力脉动强度相对较大,故选取桩号0+108至0+126的一块底板为典型试验块,进行总脉动荷载试验。试验块的中心线根据原设计相对于闸孔中心线向右偏4 m。总脉动荷载承压面安装在1个特制的测力架上,用铝合金板制成,下面为4个石英测力传感器,活动承压面与四周固定边用红色薄橡皮连接以防漏水。脉动荷载测试系统为:EDL-1型石英测力传感器后配接FDH-2型电荷放大器,讯号纪录在SONY-UN61430型磁带纪录器,最后在7T08信号处理机上进行处理。总脉动荷载的试验成果如表2-5所示。

表2-5 两种墩型底板(单块)总脉动荷载试验成果

工况	宽尾墩				平尾墩			
	P_{max} (t)	P_{min} (t)	$\sqrt{P'^2}$ (t)	$3\sqrt{P'^2}$ (t)	P_{max} (t)	P_{min} (t)	$\sqrt{P'^2}$ (t)	$3\sqrt{P'^2}$ (t)
校核洪水	1 200.4	-1 331.1	365.8	1 097.4	2 007.1	-2 371.0	935.1	2 805.3
设计洪水	1 136.96	-1 260.3	344.4	1 033.2	1 871.0	-2 288.2	802.7	2 408.1
常遇洪水Ⅰ	1 178.4	-1 482.4	418.8	1 256.4	1 801.0	-2 126.1	667.4	2 002.2
常遇洪水Ⅱ	965.3	-1 394.8	364.7	1 094.1	1 591.5	-2 147	566.8	1 700.4
单孔开启	1 326.2	-1 478.1	405.6	1 216.8	1 481.1	-1 857.8	528.9	1 586.7

由表2-5中数值可见,通过总脉动荷载的试验进一步证明,宽尾墩池底板压力脉动的数值均远小于平尾墩,最大相差78.5%(设计洪水)。同时由单块荷载来看,采用1 500 t作为底板稳定校核是有足够安全度的。

2.3　宽尾墩—消力池联合消能工的水力计算

2.3.1　消能机制

把溢流坝顶的闸墩从传统的平尾墩改为宽尾墩后,闸墩的厚度从中部向墩尾逐渐扩宽,使闸室出口断面缩窄,从而使流出闸孔的水流由原来平尾墩的薄层水舌的二元流态,变为沿坝面竖向扩展的收缩射流的三元流态,并在闸墩后的坝面出现大片无水区。这种流态的转变如果和底流消能相结合,则把底流消力池中原来的二元水跃改变为三元水跃,从而大大提高了消能率。

(1)在传统平尾墩条件下,经溢流坝各闸孔宣泄而下的水流,以二元流态呈扁薄状水舌经由反弧段进入消力池,形成二元水跃,它和来流条件及上下游水位密切相关。在上游水位及流量不变的条件下,若把下游水深(h_B)由低向高逐渐抬升,并设跃后共轭水深为h_2',则消力池内流态依次出现下列三种情况(见图2-8):

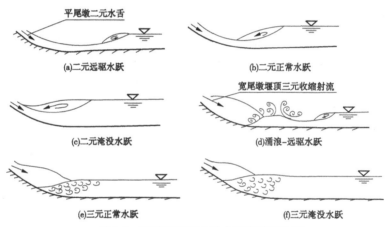

图2-8　两种墩型消力池内流态转变比较

①二元远驱水跃:此时$h_B<h_2$,消力池内形成急流,由于在一定距离之内水位逐渐上升,最终达到相应的第一共轭水深,并形成水跃和下游尾水位相衔接,则形成二元远驱水跃[见图2-8(a)]。

②二元正常水跃:当下游水位h_B逐渐抬高到二元水跃相应的共轭水深h_2时,即$h_B=h_2$,为二元正常水跃[见图2-8(b)]。水跃跃首位于反弧末端的收缩断面处,此时第一共轭水深h_1和第二共轭水深h_2之比为熟知的公式:

$$h_2/h_1 = 0.5(\sqrt{8Fr_1^2 + 1} - 1) \tag{2-1}$$

式中:Fr_1为来流在收缩断面(第一共轭水深)处的弗劳德数,$Fr_1 = q/gh_1^2$;q为入池单宽流量;g为重力加速度。

③二元淹没水跃:当下游水位继续抬高时,即$h_B>h_2$,则形成二元淹没水跃[见图2-8(c)],此时池内水位平稳,消能率提高,是一般按二元水跃理论设计的常规平尾墩消力池

所要求的工况,但淹没度不宜过高,以免形成潜没底流。

（2）在宽尾墩和消力池联合运用形成宽尾墩—消力池联合消能工的条件下,经溢流坝各闸孔宣泄而下的水流,在闸墩尾部由于宽度被骤然收缩,水流沿坝面竖向扩展而成为一股三元的收缩射流（堰顶收缩射流）。在重力的影响下,水舌紧贴坝面由斜坡段进入反弧段后,受到离心力的作用而进一步坦化,相邻两孔水股开始交汇,各股水流在消力池水垫内相互混合,产生强烈的动量交换和紊动剪切,形成三元水跃。类比于常规平尾墩型消力池,将下游水位由低向高抬升,宽尾墩消力池内也依次出现下列情况:

①涌浪—远驱水跃:由于宽尾墩堰顶收缩射流的作用,在下游水位较低时,宽尾墩的堰顶收缩射流在反弧段交汇激起很高的涌浪,涌浪后为急流,急流和下游小于共轭水深的尾水衔接产生远驱水跃,于是在消力池内出现了涌浪—急流—远驱水跃[见图 2-8（d）],这是两种墩型消力池内流态显著不同之一。由于激起的涌浪所进行的剧烈的动量交换,耗散了相当一部分水流动能,因此涌浪—急流后流速已经较常规消力池的急流有较大的降低,因而形成远驱水跃所要求的第二共轭水深也要低得多。

②宽尾墩三元正常水跃:当下游水位继续升高至某一限度,池内急流向缓流转变,远驱水跃和涌浪均消失直到形成正常三元水跃。此时,跃头上溯至反弧始端,原二元水跃的单轴旋辊已为极为紊乱的大大小小的漩涡团所代替,并伴随大量掺气,说明各股收缩射流在消力池水垫中两两相遇,并相互混合后得到极其充分的紊动扩散。由于水流动能通过紊动剪切的增强而大量消耗（转化为热能与势能）,池内底流速显著降低,池水面升高,水面平稳[见图 2-8（e）],消能率较平尾墩消力池的二元水跃大大提高。试验表明,这种情况较不稳定,一般很快进入三元淹没水跃状态。

③宽尾墩三元淹没水跃:若下游水位继续升高,三元水跃的跃头向反弧段上溯,并在溢流坝斜坡段和进入消力池的三元收缩射流相连接,则形成稳定的斜坡三元淹没水跃。此时池内消能更为充分,是宽尾墩消力池联合消能工的最优工况[见图 2-8（f）]。

应该指出,上述宽尾墩三元水跃,与一般由消力池边墙收缩形成的三元水跃的其水力特性是各不相同的。

④两种墩型消力池的流动特征及水力因素的显著差别,在水力学上就表现为:宽尾墩消力池联合消能工的第二共轭水深和跃长比常规二元水跃消力池大为减少,以及消能率大为提高。

2.3.2　水力计算方法

一个带有尾坎的宽尾墩消力池的斜坡三元水跃的水力计算对于宽尾墩消力池联合消能工,可以根据上述的宽尾墩型斜坡三元水跃的流动特征给出其水力计算方法,并从理论上说明其消能机制。

简图如图 2-9 所示,现对图中 $ABCDEFGHIJK$ 范围内的流体运动,列出宽度为 B（一个闸孔含一个闸墩）的连续方程和沿水平向的动量方程如下:

$$Q = bh_0 U_1 = Bh_2 U_2 \tag{2-2}$$

$$\frac{\gamma}{g}QU_1 + P_1 \rceil \cos\theta = \frac{\gamma}{g}QU_2 + P_2 - P_3 + P_4 - P_5 \tag{2-3}$$

式中：Q 为溢流坝一个闸孔的来流量；b 为第一共轭水深（AK 断面）处堰顶收缩射流水舌宽度；h_0 为第一共轭水深处（AK 断面）堰顶收缩射流水舌高度；U_1 为第一共轭水深（AK 断面）处堰顶收缩射流的断面平均流速；B 为相邻二闸墩中心线之间的距离；h_2 为第二共轭水深（HI 断面）；U_2 为第二共轭水深处的断面平均流速；γ 为水的容重；g 为重力加速度；P_1 为第一共轭水深处（AK 断面）动水压力合力；θ 为坝坡和水平线夹角；P_2 为第二共轭水深处（HI 断面）动水压力合力；P_3 为水体在反弧面所受的动水压力合力的水平分量；P_4 为水体在消力槛上游面所受作用力的合力的水平分量；P_5 为水体在消力坎下游面所受作用力的合力的水平分量。

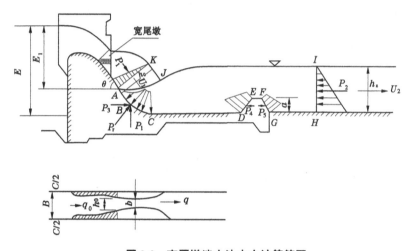

图 2-9　宽尾墩消力池水力计算简图

式（2-3）、式（2-3）与常规消力池中的二元水跃的最大的不同点是：

（1）原来二元水跃的第一共轭水深是定义在反弧末端的"断面"处，在宽尾墩消力池条件下，反弧末端是各股堰顶收缩射流交汇、掺混并进行剧烈动量交换和紊动的地方，该处不可能是"收缩断面"，那么宽尾墩三元收缩射流的第一共轭水深应该取在什么地方呢？根据模型试验所表现的流动特征，它应该取在宽尾墩三元收缩射流进入水跃前的、流动未受干扰的断面处，故其第一共轭水深应取在 AK 断面处。AK 断面一般在溢流坝的斜坡坝面上，由于我们定义正常宽尾墩三元水跃是跃首刚刚回溯至反弧始端，故 AK 断面一般选在反弧起点处，如图 2-9 所示。应该强调指出，根据流体力学的动量守恒定理建立两个断面之间的出、入流动量平衡方程时，出、入流断面的动量必须是明确的和可计算的，例如在建立经典的二元水跃方程时，第一共轭水深取在消力池反弧末端的"收缩断面"处，这是正确的。而在宽尾墩条件下的消力池三元水跃，消力池反弧末端位于水跃内部，如果仍然把第一共轭水深取在消力池反弧末端，这是和宽尾墩三元水跃的实际流动现象相违背的。

（2）如二元水跃的第一共轭水深为 h_1，即宽尾墩收缩射流为 $h_1 = kh_0$，其中 h_0 即为第一共轭水深处（AK 断面）的水舌高度，$k = b/B$ 为射流收缩比，它反映了宽尾墩堰顶收缩射流的三元特性，故也称为折算（或当量）第一共轭水深。

通过对式（2-3）的右端各种力的分析可得：

（1）在下游尾水第二共轭水深（断面 IH）处的动水压力 P_2，可按静水压力分布考虑，

即

$$P_2 = \frac{1}{2}\gamma B h_2^2 \tag{2-4}$$

式中：γ 为水的容重；h_2 为以河底为基准的下游水深。

（2）在 AK 断面上由于堰顶收缩射流在此处进入消力池水垫，收缩射流两侧及顶部均为自由面，其压强为零，但水舌中心线部位的动水压强仍然假定按静水压力分布。可见，堰顶收缩射流的三元特性，已经大大改变了原来二元过堰水流的内部结构，其中主要表现在进入消力池的三元收缩射流内部动水压强和流速分布上。因此，令 AK 断面上的动水压力的合力为

$$P_1 = \xi_1 \gamma b h_0^2 \tag{2-5}$$

式中：ξ_1 为该断面动水压强的折算系数，其值由来流特性和射流在坝面的位置而定，一般在 0.05~0.15 之间。

（3）反弧面上的动水压力比较复杂。当宽尾墩三元收缩射流沿坝面下泄进入水垫之后，射流的三元水舌受反弧离心力的作用而坦化，并和相邻的坦化水舌两两交汇、掺混而形成三元水跃。因此，定义宽尾墩三元水跃跃头回溯至反弧始端为宽尾墩正常三元水跃。试验表明，沿闸孔中心线上测得的动水压力有类似于二元水跃在反弧段的动水压力分布的特点。由此可见，在宽尾墩消力池联合消能工中，反弧的作用不可忽视，它仍然有把水流由斜坡向调整为水平向的作用，并使宽尾墩消力池仍然保持底流消能的特征；而沿闸墩中心线测得的动水压力则与池内的水深（h_2+s-a）有关。设反弧段动水压力合力的作用点位于反弧中心点，则

$$P_3 = \xi_2 \gamma R \varphi \sin \frac{\varphi}{2} B_1 (h_2 + s - a) \tag{2-6}$$

式中：ξ_2 为反弧段处的动水压强的折算系数，$\xi_2 = 0.6 \sim 0.8$；φ 为反弧的圆心角；R 为反弧半径；s 为尾坎上游坎顶至池底的高度；a 为尾坎下游坎顶至河底的高度。

（4）尾坎的上、下游面动水压力均假定为按线性梯形分布：

$$P_4 = \xi_3 \gamma \frac{s \sin \alpha_1}{2} [2(h_2 - a) + s] B \tag{2-7}$$

$$P_5 = \xi_4 \gamma \frac{a \sin \alpha_2}{2} (2h_2 - a) B \tag{2-8}$$

式中：ξ_3、ξ_4 分别为尾坎上、下游面的动水压强折算系数，其值在 0.75~0.85 之间；α_1、α_2 分别为消力槛上、下游坡与水平线夹角。

动水压强的折算系数 ξ_1、ξ_2、ξ_3 和 ξ_4，它们一般应通过试验来确定。

将上面的 P_1、P_2、P_3 和 P_4 的关系式代入式（2-3）并应用连续方程式（2-2），则式（2-3）改写为

$$\frac{\gamma Q^2}{g} \frac{1}{B h_2} - \frac{\cos\theta}{b h_0} \big] - \xi_1 \gamma b h_0^2 \cos\theta - \xi_2 \gamma \varphi \sin \frac{\varphi}{2} R (h_2 + s - a) B +$$

$$\xi_3 \frac{\gamma s \sin \alpha_1}{2} [2(h_2 - a) + s] B - \xi_4 \frac{\gamma a \sin \alpha_2}{2} (2h_2 - a) B + \frac{\gamma}{2} h_2^2 B = 0 \tag{2-9}$$

经进一步整理后,可得如图 2-9 所示的宽尾墩消力池联合消能工第二共轭水深比 η 的完全三次方程:

$$\eta^3 + A_0\eta^2 + B_0\eta + C_0 = 0 \tag{2-10}$$

式中 $A_0 = -2\xi_2\varphi s \sin\dfrac{\varphi}{2}\lambda_1 + 2\xi_3\sin\alpha_1\lambda_2 - 2\xi_4\sin\alpha_2\lambda_3$

$B_0 = -2\left[Fr_1^2 + \dfrac{\xi_1}{k}\right]\cos\theta - 2\xi_2\varphi\sin\dfrac{\varphi}{2}\lambda_1(\lambda_2 - \lambda_3) + \xi_3\sin\alpha_1\lambda_2(\lambda_2 - 2\lambda_3) + \xi_4\sin\alpha_2\lambda_3^2$

$C_0 = 2Fr_1^2$

式中, $\eta = \dfrac{h_2}{h_1}$, $h_1 = kh_0$, $k = \dfrac{b}{B_1}$, $Fr_1^2 = \dfrac{q}{gh_1^3}$。其中, Fr_1^2 为第一共轭水深处的当量弗劳德数, $\lambda_1 = \dfrac{R}{h_1}$, $\lambda_2 = \dfrac{s}{h_1}$, $\lambda_3 = \dfrac{a}{h_1}$。

(1)当 $\xi_3 = \xi_4 = 0$,可得到不带尾坎的宽尾墩消力池的三元水跃的完全三次方程:

$$\eta_1^3 + A_1\eta_1^2 + B_1\eta_1 + C_1 = 0 \tag{2-11}$$

式中 $A_1 = -2\xi_2\varphi\sin\dfrac{\varphi}{2}\lambda_1$

$B_1 = -2\left[Fr_1 + \dfrac{\xi_1}{k}\right]\cos\theta - 2\xi_2\varphi\sin\dfrac{\varphi}{2}\lambda_1\left[\lambda_2 - \lambda_3\right]$

$C_1 = 2Fr_1^2$

(2)当 $\xi_1 = 1/2$, $\xi_2 = 0$, $\cos\theta = 1$, $b = B_1$, $k = 1$, $E_1 = E_0$ 时, 由式(2-6)可得到带有尾坎的平尾墩消力池的二元水跃的完全三次方程:

$$\eta_2^3 + A_2\eta_2^2 + B_2\eta_2 + C_2 = 0 \tag{2-12}$$

式中 $A_2 = 2\xi_3\sin\alpha_1\lambda_2 - 2\xi_4\sin\alpha_2\lambda_3$

$B_2 = -2\left(Fr_1^2 + \dfrac{1}{2}\right) + \xi_3\sin\alpha_1\lambda_2(\lambda_2 - 2\lambda_3) + \xi_4\sin\alpha_2\lambda_3^2$

$C_2 = 2Fr_1^2$

(3)当 $\xi_3 = 0$, $\xi_4 = 0$, $\xi_2 = 0$ 时,由式(2-12)可得到不带尾坎的一般二元自由水跃的不完全三次方程:

$$\eta_3^3 - (2Fr_1^2 + 1)\eta_3 + 2Fr_1^2 = 0 \tag{2-13}$$

式(2-13)可分解为 $(\eta_3 - 1)(\eta_3^2 + \eta_3 - Fr_1^2) = 0$,由此可得出熟知的二元自由水跃共轭水深的关系式:

$$\eta_3 = \frac{h_2}{h_1} = 0.5\left[\sqrt{8Fr_1^2 + 1} - 1\right]$$

对标准型完全三次方程[式(2-10)~式(2-12)]进行求解,可把上述 3 式化为简化方程:

$$y^3 + py + q = 0 \tag{2-14}$$

其中, $y = \eta + A/3$, $p = B - A^2/3$, $q = 2A^3/27 - AB/3 + C$。在 $(q/2)^2 + (p/3)^3 < 0$ 的条件下,可得到本问题有物理意义的解具有 3 个实根:

$$\left.\begin{aligned}
\eta_1 &= 2\sqrt[3]{r}\cos\frac{\varphi}{3} - \frac{A}{3} \\
\eta_2 &= 2\sqrt[3]{r}\cos\left(\frac{\varphi}{3} + 120°\right) - \frac{A}{3} \\
\eta_3 &= 2\sqrt[3]{r}\cos\left(\frac{\varphi}{3} + 240°\right) - \frac{A}{3}
\end{aligned}\right\} \tag{2-15}$$

其中,最大正实数根 η_1,相应于我们所要求的第二共轭水深的解,即

$$\eta_1 = 2\sqrt[3]{r}\cos\frac{\varphi}{3} - \frac{A}{3} \tag{2-16}$$

式中,$r = \sqrt{-\dfrac{p^3}{27}}$,$\cos\varphi = -\dfrac{q}{2}\bigg/\sqrt{-\dfrac{p^3}{27}}$。

第二共轭水深则为

$$h_2 = h_1\eta_1 = kh_0\eta_1 \tag{2-17}$$

现在必须确定第一共轭水深 h_1,亦即堰顶收缩射流进入反弧前的水舌高度 h_0,如同二元水跃确定收缩断面(第一共轭水深)的水深 h_1' 一样,h_0 可由 AK 断面的能量方程确定,即取该断面的平均流速为 u_0,断面中心点 $h_0/2$ 处的能量方程为

$$E_1 = \frac{p_0}{\gamma} + h_0\cos\theta + \frac{u_0^2}{\varphi^2 2g} \tag{2-18}$$

在忽略 AK 断面水舌内部的动水压力(此处水舌有 3 个自由面),即令 $p_0 = 0$,$u_0 = Q/bh_0$,代入式(2-11),则

$$h_0 = \frac{Q}{\varepsilon_1 b_0 \varphi\sqrt{2g(E - h_0\cos\theta)}} \tag{2-19}$$

式中:E_1 为反弧起点处的总能头;φ 为坝面流速系数,可按经验公式估计;ε_1 为宽尾墩出闸孔水舌的侧收缩系数,$\varepsilon_1 = \dfrac{b}{b_0}$。

在二元水跃的情况下,$E_1 = E_0$,E_0 为池底板的总能头,$h_0 = h_c$,h_c 是反弧末端的收缩断面水深,即第一共轭水深:

$$h_c = \frac{q}{\varphi\sqrt{2g(E_0 - h_c)}} \tag{2-20}$$

用式(2-18)、式(2-19)计算 h_0 或 h_c 时,可用试算法或迭代法。式(2-18)或式(2-19)本身已经构成一个迭代格式:

$$(h_0)_{i+1} = \frac{Q}{\varepsilon_1 b_0 \varphi\sqrt{2g[E_1 - (h_0)_i\cos\theta]}} \tag{2-21}$$

其中,$(h_0)_i$ 为前一次迭代的值,初始迭代值可取 $(h_0)_0 \approx E_1/3$(或 $h_c \approx 0$)。

由以上公式可知,宽尾墩降低消力池第二共轭水深的两个重要因素如下:

(1)入池水流的水平向有效动量只有 $\cos\theta$ 倍[见式(2-3)]。

(2)入池水流的总能头 E_1 大大小于常规消力池二元水跃收缩断面处的总能头 E_0。

关于宽尾墩三元水跃水力计算的另一个重要问题是宽尾墩三元水跃的跃长的确定。如同二元水跃跃长一样,它只能由试验给出的经验公式确定。我们的试验表明,由于宽尾墩—消力池联合消能工的消能效率大大提高,其跃长 L_j 一般仅为相同水力条件的2/3,我们建议计算跃长的经验公式为

$$L_j = 4.25 \, h_2 \tag{2-22}$$

式中: h_2 为宽尾墩三元水跃的第二共轭水深。

类比于一般二元水跃跃长 L'_j 的经验公式:

$$L'_j = 6.13 \, h_2 \tag{2-23}$$

可以看出,式(2-22)和式(2-23)在形式上是相同的,但是宽尾墩三元水跃的跃长小很多。

以上公式构成宽尾墩消力池联合消能工的水力计算理论和方法。在计算公式中出现的一些经验系数,它们必须通过水力试验来确定,其中尾坎的折算系数 ξ_3、ξ_4 的计算,宽尾墩和平尾墩的计算是一样的,实际上只增加 ξ_1、ξ_2 两个参数,它们反映宽尾墩三元水跃的特征。

关于宽尾墩三元水跃的消能率,由于宽尾墩在消力池中形成的三元水跃,是由多股堰顶收缩射流在池内水垫中相互交汇和混合而形成的一种特殊的三元水跃(宽尾墩三元水跃),这种三元水跃水流内部有极强的紊动剪切和掺混扩散,其消能率大大高于常规的平尾墩消力池的二元水跃。常规消力池二元水跃的消能率计算公式为 $K_p = (E_0 - E_2 - E_t)/E_0$, E_0 为收缩断面(或由池底算起)的总能头,E_2 为第二共轭水深断面的总能头,E_t 为第二共轭水深断面的紊动能。根据 F. Hartung 的研究,二元自由水跃消能率随着收缩断面的弗劳德数 Fr_1 而变,二元自由水跃的消能率如表2-6所示。由表2-6可见,二元自由水跃在 $Fr'_1 = 6.0$ 时,消能率只有17%,紊动能可达39%,而只有 $Fr'_1 \approx 10$ 时,紊动能才降低到仅有16%,消能率才能提高到65%。而在相同的水力条件下,宽尾墩三元水跃的 E_t 很小,其消能率更接近于按 $(E_0 - E_2)/E_0$ 来计算,故在一般弗劳德数 $Fr'_1 = 6 \sim 8$ 范围内,消能率接近60%~70%,亦即较平尾墩消力池,其消能率提高一倍左右。

表2-6　二元自由水跃的消能率

Fr'_1	E_t/E_0	$(E-E_2)/E_0$	$(E-E_2-E_t)/E_0$
6	0.39	0.56	0.17
8	0.23	0.67	0.44
9.72	0.16	0.72	0.65

通过以上分析可以看出,宽尾墩和底流消能工(消力池)联合运用形成了一种新型的消能工,即宽尾墩—消力池联合消能工,它增进消能的机制为:

(1)宽尾墩—消力池联合消能工与常规的、按二元水跃设计的平尾墩—消力池联合消能工不同,它不是利用消力池内的某种固体几何造型来形成强迫水跃,也不是利用消力池外的固体边界收缩来形成三元水跃,而是利用宽尾墩本身在堰顶产生的多股收缩射流沿坝面下泄,并经反弧段进入消力池,在消力池前部水垫内的相互交汇和混合来极大地加

强水流内部的紊动剪切和掺混作用,使过堰水流的更多的动能转化为热能和势能,从而达到增进消能的目的。

(2)宽尾墩—消力池联合消能工的消能机制,实质上都是堰顶收缩射流形成的一系列水流内部结构的变化所引起的。当常规平尾墩的二元薄层过堰水舌被宽尾墩在堰顶改变成三元窄高收缩射流下泄时,收缩射流水股的实体沿坝面下泄并在反弧段坦化、交汇并相互混合,形成宽尾墩消力池所特有的三元水跃。宽尾墩三元水跃较之常规的二元强迫(或自由)水跃,或由边界收缩形成的三元水跃在水流内部产生了更为剧烈的紊动剪切和掺混作用,从而形成常规平尾墩消力池所不可能有的附加消能。在水力学上,上述机制表现在动量方程式(2-3)和式(2-18)中,亦即进入宽尾墩消力池的水流在水平向的有效动量被大幅度削减($\cos\theta$ 倍),以及水流的总能头大为降低($E_1<E_0$),其结果是宽尾墩三元水跃的第二共轭水深显著降低,跃长大为缩短,消能率大大提高。

对于一般大、中型消力池的设计,上述计算提供了进行初步设计的计算方法,最终的宽尾墩消力池的体型,宜通过水工模型试验确定。

2.3.3　工程计算实例

以安康溢流坝 5 个 15 m×17 m 表孔的宽尾墩—消力池联合消能工为例,其泄洪消能水力指标如下:校核洪水(0.01%)位 337.05 m,5 个表孔总泄量 19 045 m³/s,消力池总宽 91 m,入池单宽流量 209.3 m³/(s·m),下游水位 276.30 m;设计洪水(0.01%)位 331.10 m,5 个表孔总泄量 14 010 m³/s,入池单宽流量 153.9 m³/(s·m),下游水位 274.60 m,设计消力池底板高程 229.0 m(河床高程 230 m),池长 108.0 m(0+099.09—0+198.0)。平尾墩和宽尾墩的水力计算成果见表 2-7 和表 2-8。计算中,平尾墩消力池的收缩断面水深 $h_1'(h_1)$ 用式(2-19)计算,第二共轭水深 h_2' 用式(2-1)计算和跃长用式(2-23)计算。宽尾墩消力池的 h_0 用式(2-18)计算,h_2 用式(2-10)计算和跃长用式(2-22)计算,计算中采用 $\xi_1=0.1$、$\xi_2=0.80$、$\xi_3=1.25$、$\xi_4=0.85$、$\varepsilon_1=0.60$。两种墩型第二共轭水深的计算成果比较见表 2-7。

表 2-7　两种墩型消力池第二共轭水深计算值比较

库水位 (m)	来流 流量 Q (m³/s)	入池 单宽 流量 q[m³/ (s·m)]	入池 弗劳 德数 Fr_1	第一共轭水深(m)		第二共轭水深(m)			正常水跃跃后 下游水位(m)		
				平尾 墩 h_1'	宽尾墩 h_1	平尾 墩 h_2'	宽尾墩 h_2	差值 (%)	平尾 墩	宽尾墩	天然 尾水位
337.05	3 809	209.3	6.69	4.62	6.20(32.80)*	37.68	33.77	−11.6	267.68	263.77	276.30
333.10	2 802	153.9	7.63	3.46	4.83(25.57)*	32.65	27.68	−17.9	262.65	257.68	274.60

注:*( )内数值为 h_0 计算值,差值=(宽尾墩值−平尾墩值)/(宽尾墩值)×100%。

两种墩型的水跃长度及消能率的计算按式(2-22)、式(2-23)及表2-6中内插得到,见表2-8。

表2-8 平尾墩和宽尾墩消力池水跃跃长和消能率对比

库水位 (m)	来流流量 $Q(\text{m}^3/\text{s})$	入池单宽 流量 q $[\text{m}^3/(\text{s}\cdot\text{m})]$	收缩断面 弗劳德数 Fr_1'	墩型对比	第二共轭 水深 $h'、h_2(\text{m})$	跃长/池长 $L_1/L_W(\text{m})$	消能率 $K_p、K_K$
337.05 (校核)	3 809	209.3	6.69	平尾墩	37.68	230.98/184.78	0.23
				宽尾墩	33.77	143.52/114.82	0.58
				差值(%)	−11.6	−60.9	152.2
333.10 (设计)	2 802	153.9	7.63	平尾墩	32.65	200.14/160.11	0.35
				宽尾墩	27.68	117.64/94.11	0.63
				差值(%)	−17.9	−70.1	80.0

注:差值(%)=(宽尾墩值−平尾墩值)/(宽尾墩值)×100%;

池长(理论值)=$0.8L_j$,安康表孔实际池长约100 m。

由上可见,安康水电站表孔采用宽尾墩—消力池联合消能工后,水跃第二共轭水深减小了5 m(均以设计水位为准,下同),即约18%。跃长和池长分别缩短了82.5 m和66 m,即约70%。实际采用池长108 m,即缩短了32%,约为理论池长的1/3。消能率提高了150%~80%。

就安康水电站工程实例而言,无论是平尾墩还是宽尾墩,它的第二共轭水深相应的下游水位都低于天然尾水位,也就是说,它们都能形成淹没水跃,但池长受围堰位置的限制,只能在100 m左右变动,平尾墩要求的池长达160 m,相差很大,所以水跃尚未在池内形成,已冲出池外(见图2-4),而宽尾墩要求的池长仅94 m,故池内形成了完整的三元水跃(见图2-5)。

对安康水电站宽尾墩—消力池联合消能工进行过大量的水工模型试验研究。试验基本上验证了上面的水力学理论及水力计算方法的正确性。通过安康水电站1:65的断面模型的对比试验,可以看出表孔宽尾墩和平尾墩两种墩型消力池池内流态有显著的差别,常规平尾墩消力池型池内流态,由于池长不足,池内二元水跃不能充分发展,池内水位较低,流态很不稳定。在消力坎处底流流速仍然很高,因而水流爬越消力坎时,形成很高的涌浪,并在下游形成二级跌差,坎后底漩强烈,下游冲刷严重,见图2-4。而在宽尾墩型消力池内的流态呈三元淹没水跃,由于消能充分,底流流速被大幅度削减,池内水面显著升高,池底板动水压力上升,特别是尾坎迎水面动水压力大幅度降低,表明消力坎处来流流速很小,水流爬越坎顶的现象已消除,池内水面反而略高于下游水位,见图2-5。

两种墩型消力池池内主要水力指标对比见表2-9。

表 2-9　安康表孔宽尾墩消力池和平尾墩消力池主要水力因素对比

库水位（m）	入池单宽流量 q [m³/(s·m)]	池底板总能力 E(m)	收缩断面弗劳德数 Fr_1	下游水深 h_B(m)	墩型比较	池内平均水深（m）	池底板动水压力（kPa）	尾坎上游面动水压力（kPa）	坎顶涌浪高度（m）	下游水位和涌浪高度（m）
337.05	209.3	108.05	6.45	46.30	平尾墩	45.5	406.1	589.2	55.95	9.65
					宽尾墩	53.3	410.7	416.0	52.00	5.70
					差值（%）	-17.1	-1.1	29.4	7.10	40.9
333.10	153.9	104.10	7.31	45.60	平尾墩	45.5	394.7	541.9	57.20	11.60
					宽尾墩	48.8	417.6	409.0	48.75	3.15
					差值（%）	-7.3	-5.8	24.5	14.8	72.8

注：池内水深及下游水深均以池底板高程（229.0 m）为准。

第3章　宽尾墩—戽式消力池联合消能工

3.1　工程背景

岩滩水电站位于广西大化境内红水河中游,多年平均流量 1 770 m³/s,实测最大流量 19 000 m³/s,设计洪峰流量 30 500 m³/s($P=0.1\%$),水库总库容 33.5 亿 m³。岩滩水电站设计装机 1 210 MW(4×303.5 MW)。RCC 混凝土重力式主坝高 110 m,在主河床上布置了溢流坝,包括 7 个 15 m×21 m 溢流表孔、1 个 5 m×8 m 的泄水底孔和 2 个 3 m×5 m 及 1 个 2.8 m×3.5 m 的冲沙孔,见图 3-1。其中,7 个表孔是枢纽的主要泄洪建筑物,它承担着宣泄总量为 75%~88% 的洪水,消能防冲设计至为重要。溢流表孔净宽 15 m,堰顶高程 202 m,每孔设 15 m×22.5 m 大型露顶式弧形钢闸门一扇,中墩厚度 5 m,墩长 46 m。采用戽式消力池消能,消力池底板高程 147.5 m,枢纽总体布置参见图 3-1,岩滩枢纽泄洪消能的水力要素如表 3-1 所示。

由表 3-1 可见,表孔承担了枢纽泄洪的主要任务,因此表孔的泄洪消能设计采用尽量加大单宽流量、缩短"溢流前沿"的技术措施,在洪水频率分别为 0.02%~1% 时,通过表孔宣泄的流量分别为 31 387~14 760 m³/s,相应单宽流量分别为 299~141 m³/(s·m),入戽弗劳德数一般小于 4.5,属于大单宽流量、低弗劳德数大型消能工之列。与此同时,在大单宽流量泄洪时,必然带来深尾水,其上下游落差仅 30 余 m,在这种情况下,不可能采用挑流消能工。为了解决岩滩枢纽的泄洪消能难题,多年来进行了底流、面流和戽流等方案的研究。传统的底流消能工,其工程规模和投资都十分庞大,因而考虑戽流消能。传统的戽流是面流流态的一种特例,即淹没面流,其典型流态为"三滚一浪"(不完全水跃),由于岩滩表孔水头高,单宽流量大,典型的单圆弧消力戽不能满足工程的消能防冲要求,因而在单圆弧消力戽反弧段后增加一长为 40 m 的水平段,以增大消能水体,水平段后接一反坡 1:2.5 的尾坎,形成一带有反坡尾坎的戽式消力池,溢流坝表孔剖面图参见图 3-2。

岩滩表孔原设计的常规平尾墩戽式消力池的消能,虽然较单圆弧消力戽的消能有明显的改进,在流量较小时,戽内产生底流式水跃,但在大、中流量时,则仍然为单圆弧消力戽流态,消能不够充分,下游波浪大,这种流态是主要的。此外,还有在小流量时,戽池内流态多变等问题,因而仍有待进一步改进解决。主要问题有:

(1)戽式消力池池底及戽坎流速大,在宣泄设计洪水时,戽底最大流速 30.4 m/s,尾坎最大流速 24.1 m/s。

(2)下游水面波浪大,尾坎下游 55 m 处,平均浪高 4.2 m,最大浪高 10.6 m,尾坎下游 555 m 处,平均浪高 1.8 m,最大浪高 4.6 m;在尾坎下游 265 m 河段,形成水面跌差 9.6 m,水面最大流速达 15.5 m/s。

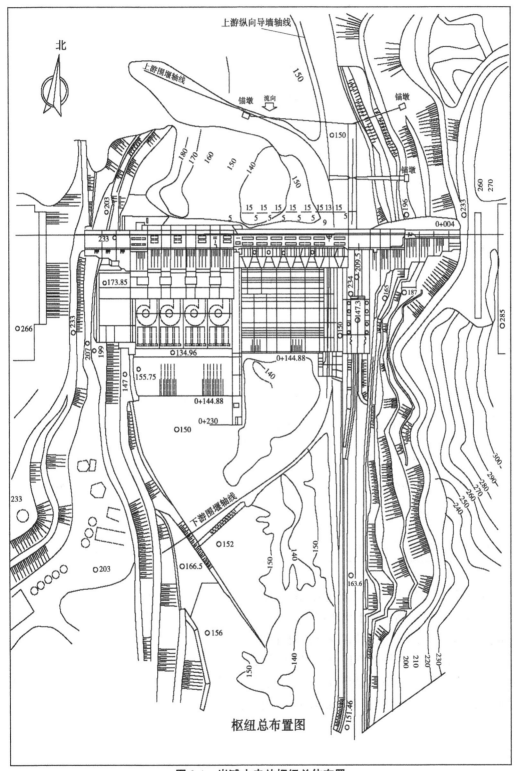

枢纽总布置图

图 3-1 岩滩水电站枢纽总体布置

表 3-1 岩滩枢纽泄洪消能水力指标

洪水频率（%）		0.02（校核）	0.01（设计）	1.0
洪水流量（m³/s）		34 800	30 500	17 500
最大下泄流量（m³/s）		32 768	28 637	17 424
坝前水位（m）		229.71	227.37	219
下游水位（m）		193.29	193.03	180.4
发电引用流量（m³/s）		0	0	1 414
溢流表孔承担泄洪流量（m³/s）		31 387	27 284	14 760
溢流表孔承担泄洪比重（%）		96.7	95.3	84.3
上、下游水位差（m）		36.42	37.34	38.60
表孔单宽流量 [m³/(s·m)]	溢流堰顶	299	260	141
	1#~6#孔入池	234	203	110
	7#孔入池	299	260	141
戽池底板以上 水头(m)	1#~6#孔戽池	82.21	29.87	71.50
	7#孔戽池	79.71	77.37	69.00
尾水深度(河底以 147.5 m 计)		45.79	42.53	32.9
总泄洪功率（MW）		11 703	10 486	6 060
表孔泄洪功率（MW）		11 210	9 981	5 587
河床最大单宽泄洪功率(MW)		82	73	42

（3）右岸厂房尾水区回流强度大，在尾水区形成一个长约 450 m、宽 100~150 m 的大回流区，靠近厂房两侧有派生出小回流，形成厂坝之间导墙末端主流和回流相汇集，流态恶劣，底流速增大，出现较深的冲刷坑，对导墙稳定不利。

根据以上情况，在技施阶段，由中国水利水电科学研究院、广西水利科学研究院（简称广西水科院）和广西电力设计院共同协作，进行了精心的试验研究和工程设计，终于成功地实现了宽尾墩—戽式消力池联合消能工在岩滩的应用。

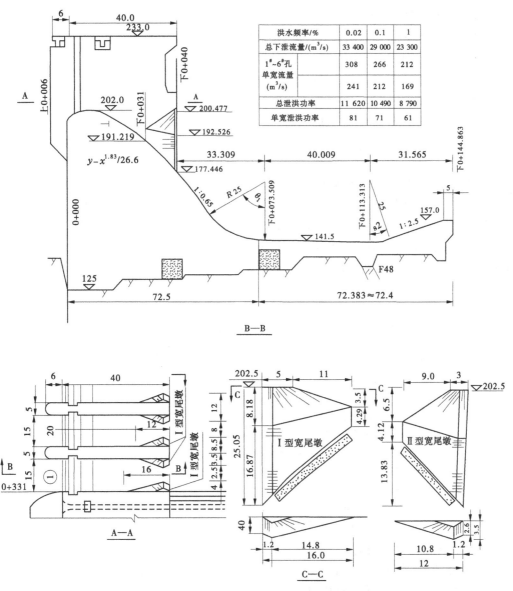

图 3-2 岩滩溢流坝表孔戽式消力池和宽尾墩体型

3.2 宽尾墩—戽式消力池联合消能工的试验研究

针对岩滩表孔,进行了宽尾墩和戽式消力池联合运用的专题试验研究。断面模型试验工作在中国水科院水力学所的净宽 72 cm、有效长度 15 m 的玻璃水槽中进行,模型比尺 1∶55,模型包括岩滩表孔溢流坝一个整孔、2 个半孔加 2 个闸墩,按弗劳德相似准则进行设计。试验中观测了常规平尾墩和宽尾墩两种戽式消力池在不同水力条件下的水流流态、压力分布、流速分布及下能防冲特性,断面模型试验成果在广西水科院整体模型中得到验证。同时,根据常规平尾墩和宽尾墩两种戽式消力池联合消能工的不同流态,进行了理论分析,提出了宽尾墩戽式消力池的水力计算方法。研究表明,宽尾墩戽式消力池联合消能工具有明显的增进面流消能的效果,是对传统的戽式消力池的一项重大革新。它拓广了堰顶收缩射流技术的应用范围。宽尾墩戽式消力池在岩滩工程中应用表明,堰顶收缩射流技术对增进常规戽式消力池的消能效果极为有效,这就使戽式消力池的经济性得以充分发挥,并将发展成为一种新颖的水工结构,为解决高水头、大宽单、低弗劳德数的消能难题提供了一条经济而有效的新途径。

3.2.1　平尾墩和宽尾墩戽式消力池池内流态转变

常规的平尾墩戽式消力池池内外的流态,与来流条件及上下游水位密切相关。常规平尾墩和宽尾墩两种墩型的戽式消力池内流态转变序列如图3-3所示。由图3-3可见,在同样的水力条件下,平尾墩和宽尾墩戽式消力池池内流态转变有显著不同,在一定的戽池体型条件下,若保持上游水位和来流流量不变,把下游水位由低向高逐渐抬升,则戽池内流态将依次出现下列4种情况。

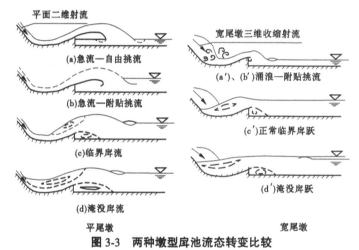

图3-3　两种墩型戽池流态转变比较

3.2.1.1　平尾墩戽式消力池

(1)自由挑流:当下游水位低于临界水深时,平尾墩型戽式消力池形成"急流—自由挑流"[见图3-3(a)],水舌下有稳定空腔。

(2)附贴挑流:当下游水位继续抬升,平尾墩的自由挑流转变成为附贴挑流[见图3-3(b)],此时戽池内仍为急流,但因下游水深较大,出坎水流的挑射水舌附贴于尾坎而与下游尾水相衔接,水舌下空腔消失,水舌上缘陡度增大,涌浪加大。对于宽尾墩戽式消力池,没有相应的流态。

(3)临界戽流:当下游水位抬升至某一限度时,尾坎上附贴挑流水舌上缘陡度加大至某一限度则向戽池内塌落,并在尾坎上形成跨越坎内外的倾斜表面漩滚,坎下游出现逆向横轴漩滚,尾坎上"涌浪"与下游水位形成"跌差",并使其下游出现另一个表面漩滚,余能则以表面波浪向下游传播,这就是通常所说的"三滚一浪",它就是"临界戽流"[见图3-3

（c）及图 3-4]，是戽流消能最典型的流态。由于它本质上属于一种不完全水跃，所以其消能率很低。我们把这时的下游水深（由戽池底板算起）称为"戽流"发生的"临界水深"。

图 3-4　平尾墩戽式消力池临界戽流的"三滚一浪"流态

（4）淹没戽流：当下游水深继续增高，在平尾墩戽池中，戽池内表面漩滚加长而淹没反弧，戽池内外水面趋于平缓，坎后逆向底漩加长，强度减弱，我们称这种流态为"淹没戽流"，是戽式消力池实际运用应保持的流态，但它们仍保持一定的"三滚一浪"的戽流基本流态，只是漩滚和波浪的强度减弱，见图 3-3（d）及图 3-5，是平尾墩戽式消力池正常运用时应保持的流态。

图 3-5　宽尾墩戽式消力池三元临界戽跃流态

3.2.1.2　宽尾墩戽式消力池

当戽式消力池和宽尾墩联合运用时，原来平尾墩的溢流水舌（二元流态）在墩尾的过水宽度由于宽尾墩而收缩，出闸孔呈三元流态沿坝面下泄，当水舌进入反弧段时，由于重力和离心力的影响而坦化,相邻两孔水流在反弧段相互交汇、碰冲,产生强烈的动量交换,当进入下游水垫时,依据下游水位有如下流态:

(1)涌浪—附贴挑流:当戽池水位较低时,宽尾墩型戽式—消力池由于相邻各孔收缩射流水舌在反弧段坦化和交汇,水流在反弧末端激起很高的涌浪,激起涌浪所进行的剧烈的动量交换过程中,已消耗相当一部分动能,因此经过戽坎的水流流速大为降低,已不能形成自由挑流[见图 3-3(a′)、(b′)]。

(2)临界戽跃(三元):对于宽尾墩戽式消力池,当下游水位抬升至某一限度,尾坎处的急流向缓流转变,戽池内形成足够的水垫深度并把反弧末端的涌浪淹没;戽池内已不再有跨越尾坎内外的单轴表面漩滚,而形成极为紊乱的大大小小的漩涡团,并伴随大量掺气,尾坎后的底部逆向漩涡很弱或不明显,池内外的二次跌差很小,下游波浪很弱,水面平稳,这种流态与通常的完全三元水跃已无本质区别。若跃头靠近反弧末端,则称在戽池发生正常临界戽跃(三元)[见图 3-3(c′)、图 3-5]。

若下游水位由高向低调整,戽池内流态依次按上述的逆序出现,这时的二元临界戽流(平尾墩)相应的水深称为戽流或宽尾墩三元戽跃消失临界水深。应该指出,在相同的来流条件下,平尾墩的二元临界戽流和宽尾墩的三元临界戽跃的临界水深是不相同的(见表 3-2)。

(3)淹没戽跃(三元):在宽尾墩戽式消力池的情况下,若下游水位继续升高,跃头向反弧段上溯并淹没,则形成三元淹没戽跃。这时戽池内水体漩涡更加破碎,紊动剪切进一步增强并大量掺气,池内外水位趋于一致,下游流速降低,波浪很弱,水面平稳,是宽尾墩戽式消力池的最优工况[见图 3-3(d′)及图 3-7]。

3.2.2 平尾墩和宽尾墩两种形式戽流临界水深比较

试验得出常规平尾墩和宽尾墩两种形式的戽式消力池戽流发生临界水深和戽流消失临界水深的比较如表 3-2 所示。

表 3-2 平尾墩和宽尾墩戽式消力池戽流临界水深比较

库水位(m)		229.2	227.2	224	223	219
入戽单宽流量 $q[\mathrm{m^3/(s \cdot m)}]$		241	212	169	157	112
戽池底板上总能头 $E(m)$		81.7	79.7	76.5	75.5	71.5
收缩断面水深计算值 $h^*(m)$		6.77	6.08	4.98	4.67	3.29
收缩断面弗劳德数 Fr_1		4.36	4.52	4.86	4.96	5.96
戽流发生临界水深	平尾墩戽池 h_{1p}^{**}	38.2	35.8	33.5	32.6	29.5
	宽尾墩戽池 h_{1k}^{**}	34.1	32.5	29.7	29.4	26.3
	$(h_{1k}^{**}-h_{1p}^{**})/h_{1p}^{**}\times100\%$	-10.7	-9.2	-11.3	-9.8	-10.8
戽流消失临界水深	平尾墩戽池 h_{2p}^{**}	37.4	35.0	32.6	31.5	27.7
	宽尾墩戽池 h_{2k}^{**}	31.3	30.0	28.7	28.4	25.3
	$(h_{2k}^{**}-h_{2p}^{**})/h_{2p}^{**}\times100\%$	-16.3	-14.3	-12.0	-9.8	-8.7

由表 3-2 可见,宽尾墩戽式消力池的起戽临界水深均比平尾墩戽式消力池为小。当戽跃发生时,比平尾墩型降低 9.2%~11.3%;当戽跃消失时,降低 8.7%~16.3%,这种差别有随着收缩段面弗劳德数的增加而减少的趋势。

宽尾墩戽式消力池起戽临界水深的减小,在工程应用上有重要意义。其一,在相同水力条件下,常规平尾墩戽式消力池不能形成淹没流态的下游水深,在增设宽尾墩后就有可能形成,这就扩大了发生淹没戽流流态的下游水深的范围,从而避免常规戽式消力池下游流态多变的缺点;其二,在满足工程要求的前提下,采用宽尾墩戽式消力池时,有可能抬高池底板高程,从而减少大量开挖,获得经济效益。

3.2.3　平尾墩和宽尾墩两种形式戽池内流态和水面线比较

试验得出常规平尾墩和宽尾墩两种形式的戽式消力池戽池内流态有重大差异,在校核水位 229.2 m 条件下,常规平尾墩戽式消力池内保持二元淹没戽流一定的“三滚一浪”的戽流基本流态,只是漩滚和波浪的强度减弱,见图 3-3(d)及图 3-6。

图 3-6　平尾墩戽式消力池二元淹没戽流流态(校核水位)

在戽式消力池加设宽尾墩后,由于堰顶收缩射流的形成,以及射流进入戽池水垫后形成三元淹没戽跃,这时戽池内水体漩涡更加破碎,紊动剪切进一步增强并大量掺气,池内外水位趋于一致,下游流速降低,波浪很弱,水面平稳,是宽尾墩戽式消力池的最优工况(见图 3-3(d′)及图 3-7)。

宽尾墩戽式消力池的三元淹没戽跃在水垫中的紊动扩散和掺混作用显著加强,过堰水流动能的一部分转化为热能逸散,一部分转化为势能和余能,导致戽池内流速大幅度降低,池内水面线和动水压力分布较平尾墩戽池的二元戽流有显著增高。两种墩型戽式消力池的水面线沿程分布见图 3-8、图 3-9。

从图 3-8、图 3-9 的比较也可以看出,在各工况下,宽尾墩戽池内水面都比平尾墩戽池为高,其值可见表 3-3。由表 3-3 中可见,宽尾墩戽池水面最大升高值为 9.5~11.5 m,为相应工况下平尾墩戽池最大水深的26.8%~43.4%。

图3-7　宽尾墩戽式消力池三元淹没戽跃流态(校核水位)

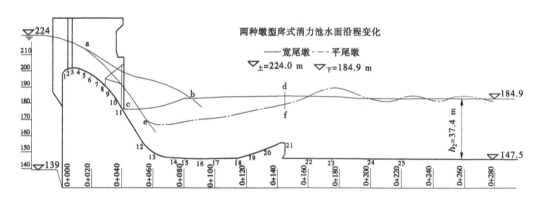

图3-8　平尾墩和宽尾墩戽池内水面线沿程变化比较(设计工况)

两种墩型各测站水深沿程变化表

测站号(No)	1	2	3	4	5	6	7	8	9	10	11	12	13	14	15	16	17	18	19	20	21	22	23	24	25
桩号(m)	(下)0+0.00	0+3.66	6.763	10.4	14.4	18.4	22.4	26.4	30.4	34.4	38.4	52.348	60.0	73.309	80.0	90	100	113.318	122.594	132.59	144.88	160	175	200	220
坝面高程(m)	198.74	201.43	202	201.59	200.38	198.48	195.91	192.73	188.93	184.55	179.59	136.246	151.337	147.5	147.5	147.5	147.5	147.5	149.3	153.8	157.0	147.5	147.5	147.5	147.5
宽尾墩 h_{JI}	21.5	17.2	15.3	14.7	13.9	13.7	13.3	14.5	15.9	17.4	21.7	38.5	44.3	43.0	39.0				(1.80)	(6.30)	(9.50)				
宽尾墩 h_{AK}											0	20.0	27.5	34.5	36.5	36.5	37.5	38.0	35.5	32.5	29.0	38.5	38.5	37.8	37.4
宽尾墩 h_{AK}'/h_s												0.535	0.735	0.922	0.976	0.976	1.003	1.016	0.997*	0.987*	1.029*	1.029	1.029	1.011	1.0
平尾墩 h_{JI}	21.3	16.7	15.3	14.3	13.3	12.9	12.5	12.7	12.9	13.4	17.5	17.5	22.5	23.5	24.5	26.5	25.0	24.0				38.5	44.0	37.8	37.4
平尾墩 h_{AP}'/h_s												0.468	0.468	0.575	0.602	0.628	0.665	0.757	0.757*	0.783*	0.896*	1.029	1.176	1.011	1.0
$h_{AP}-h_{AK}/h_0$												14.3	57.1	60.3	62.1	55.3	52.3	46.2	31.7	26.0	14.8	0	-12.5	0	0

左侧栏注记：闸门开度(e=21.0m)全开　▽上=224.0(m)　▽下=184.9(m)

(注: 自高程147.5算起)

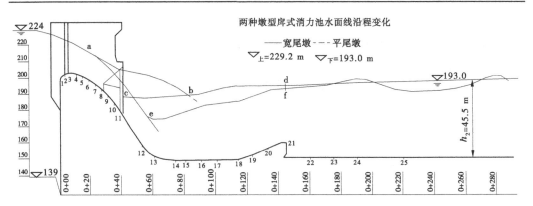

两种墩型戽式消力池水面线沿程变化

两种墩型各测站水深沿程变化表

测站号(No)			1	2	3	4	5	6	7	8	9	10	11	12	13	14	15	16	17	18	19	20	21	22	23	24	25
桩号(m)			(下)0+0.00	0+3.66	6.763	10.4	14.4	18.4	22.4	26.4	30.4	34.4	38.4	52.348	60.0	73.309	80	90	100	113.318	122.594	132.59	144.88	160	175	200	220
坝面高程(m)			198.74	201.43	202.0	201.59	200.38	198.48	195.91	192.73	188.93	184.55	179.59	136.246	151.337	147.5	147.5	147.5	147.5	147.5	149.30	153.80	157.0	147.5	147.5	147.5	147.5
闸门开度(e=21.0m)全开	▽上=229.2(m)	宽尾墩 h_{JK}	25.6	21.4	19.1	18.4	17.7	17.4	17.6	18.5	19.8	21.3	25.6	43.3	48.5	46.0					(1.80)	(20.6)	(9.5)				
		h_{AK}												29.5	36.5	40.0	40.0	40.5	43.5	45.0	42.5	38.2	35.0	44.5	45.5	45.5	45.5
		h_{AK}/h_s												0.648	0.802	0.879	0.879	0.89	0.956	0.989	0.974*	0.978*	0.978	1.00	1.00	1.00	
	▽下=193.0(m)	平尾墩 h_{AP}	25.9	21.3	19.8	18.5	17.7	17.2	16.9	17.3	17.9	18.6	19.4	22.5	23.0	27.5	30.0	32.5	34.5	35.3	35.3	35.0	33.0	43.5	45.5	47.5	39.5
		h_{AP}/h_0	0.493	0.505	0.604	0.659	0.714	0.758	0.78	0.819*	0.908*	0.934*	0.956	1.00	1.044	0.868											
		$\dfrac{h_{AP}-h_{AK}}{h_{AP}}\times100\%$	(注:* 自高程147.5算起)											31.1	58.7	45.5	33.4	24.6	26.1	26.8	18.8	7.7	4.7	2.3	0	-4.2	15.2

图 3-9　平尾墩和宽尾墩戽池内水面线沿程变化比较(校核工况)

表 3-3　两种墩型戽池中最大水深比较

库水位(m)			229.2	227.2	224.0
入池单宽流量[m³/(s·m)]			241	212	169
收缩断面弗劳德数 Fr_1			4.36	4.52	4.86
下游水深(m)			45.5	42.1	37.4
戽池最大水深(m)	宽尾墩	h_k	45	42	38
		h_k/h_2	0.989	0.998	1.016
	平尾墩	h_p	35.5	31.5	26.5
		h_p/h_2	0.780	0.748	0.709
(h_k-h_p)(m)			9.5	9.5	11.5
$(h_k-h_p)/h_p\times100\%$			26.8	30.2	43.4

3.2.4　两种墩型戽池内动水压力沿程分布比较

两种墩型戽池动水压力沿程分布见图 3-10、图 3-11。由图 3-10、图 3-11 可见,过堰水流受宽尾墩的约束,在宽尾墩范围内,堰面动水压力比平尾墩要高,使过堰流量略有减少,但可通过降低堰面曲线的设计水头 H_d 来提高流量系数,并使溢流堰断面更窄。此外,随着宽尾墩戽池水面线的壅高,池底板的动水压力也有所升高。两种墩型戽池池底动水压力升高情况见表3-4。池底板动水压力的升高,对底板的稳定有利。由于宽尾墩池底板动水压力比平尾墩的高23.4%~55.5%,因此岩滩戽池底板的抗浮稳定系数提高了15%~27%。同时,上述水力现象也是戽池底流流速显著降低和消能率大为提高的重要标志。

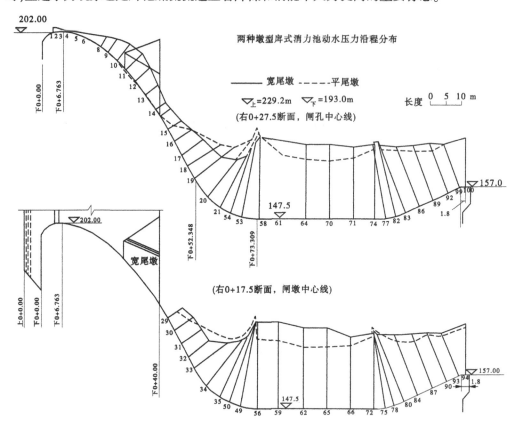

图3-10　两种墩型戽池动水压力沿程分布比较(校核工况)

两种墩型动水压力沿程分布比较表(右+27.5断面)

No	1	2	3	4	5	6	7	8	9	10	11	12	13	14	15	16	17	18	19
高程(m)	201.565	201.893	202.00	201.81	201.18	200.41	197.5	195.92	193.50	190.62	187.56	183.64	179.66	173.69	170.27	160.61	163.00	159.41	
桩号(m)	下0+3.561	0+5.164	0+6.763	0+9.163	0+12.05	0+14.333	0+20.046	0+22.392	0+25.495	0+28.696	0+31.709	0+35.00	0+38.345	0+42.658	0+44.941	0+47.32	0+49.687	0+52.00	
$e=21$, 21, ▽上=229.2, ▽下=193　宽尾墩	2.4	1.3	-0.3	-0.42	0.5	2.4	6.1	8.7	12.6	13.6	11.9	10.0	7.4	10.3	13.8	17.3	69.7	22.9	
平尾墩	0.71	-0.18	-1.57	-2.58	-2.27	-1.34	-0.67	-1.49	-0.35	-1.23	-1.61	0.11	1.09	3.94	12.72	19.58	26.79	34.62	

No	20	21	54	53	58	61	64	70	71	74	77	82	83	86	89	92	99	100
高程(m)	154.14	150.91	149.18	148.09	147.5	147.5	147.5	147.5	147.5	147.5	147.71	148.33	149.39	151.21	153.13	155.07	156.75	157.00
桩号(m)	下0+56.341	0+60.705	0+64.299	0+67.91	0+73.71	0+81.31	0+89.31	0+97.31	0+105.31	0+112.92	0+116.543	0+119.697	0+122.849	0+127.41	0+132.21	0+137.05	0+141.25	0+143.68
$e=21$, 21, ▽上=229.2, ▽下=193　宽尾墩	29.3	35.7	40.8	45.0	48.7	—	44.9	45.4	43.6	44.7	46.1	45.9	42.7	38.6	34.8	31.7	27.6	29.7
平尾墩	46.85	51.68	53.55	55.04	50.8	—	36.4	33.4	37.8	43.4	47.7	47.6	42.1	36.7	31.3	27.2	28.0	28.9

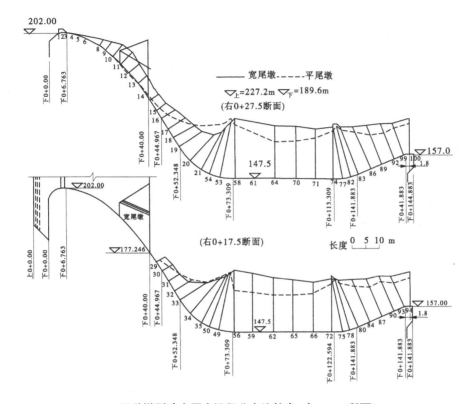

两种墩型动水压力沿程分布比较表(右+27.5断面)

No	1	2	3	4	5	6	7	8	9	10	11	12	13	14	15	16	17	18	19	备注
高程(m)	201.565	201.893	202.00	201.81	201.18	200.41	197.5	195.92	193.50	190.62	187.56	183.64	179.66	173.69	170.27	160.61	163.00	159.41		
桩号(m)	下0+3.561	0+5.164	0+6.763	0+9.163	0+12.05	0+14.333	0+20.046	0+22.392	0+25.495	0+28.696	0+31.709	0+35.00	0+38.345	0+42.658	0+44.941	0+47.32	0+49.687	0+52.00		
$e=21$　▽上$=227.2$　宽尾墩	3.2	2.1	0.8	0.30	0.9	2.4	5.3	7.8	11.3	12.1	10.6	8.4	6.3	8.7	11.8	15.6	18.3	21.4		—
21　▽下$=189.6$　平尾墩	2.47	0.94	-0.21	-1.38	-1.23	-0.38	-0.75	-0.77	0.29	-0.51	-1.05	0.59	0.77	1.7	4.48	10.38	18.63	21.4		—

No	20	21	54	53	58	61	64	70	71	74	77	82	83	86	89	92	99	100
高程(m)	154.14	150.91	149.18	148.09	147.5	147.5	147.5	147.5	147.5	147.5	147.71	148.33	149.39	151.21	153.13	155.07	156.75	157.00
桩号(m)	下0+56.341	0+60.705	0+64.299	0+67.91	0+73.71	0+81.31	0+89.31	0+97.31	0+105.31	0+112.92	0+116.543	0+119.697	0+122.849	0+127.41	0+132.21	0+137.05	0+141.25	0+143.68
$e=21$　▽上$=227.2$　宽尾墩	27.3	33.2	38.4	43.2	46.8	—	43.3	41.4	40.2	41.4	42.6	42.1	39.3	35.7	32.4	29.9	26.5	28.3
21　▽下$=189.6$　平尾墩	41.01	45.28	46.35	46.8	42.6	—	28.4	29.0	32.3	37.0	42.2	42.0	36.4	30.5	24.5	21.2	22.5	23.7

图 3-11　两种墩型戽池动水压力沿程分布比较(设计工况)

3.2.5　两种墩型戽池底板动水压力脉动比较

测量了两种墩型戽池底板的动水压力脉动,图 3-12 为设计水位 227.2 m 和百年一遇洪水位 224.0 m 时,沿溢流孔中心线池底板沿程压力脉动幅值均方根(RMS)的分布。由图 3-12 可知,在宽尾墩戽池的反弧段到戽池前部,其脉动压力幅值较平尾墩要高,在戽池中部到尾部,则相反。脉动压力幅值最大的部位,是和宽尾墩收缩射流在反弧段坦化、交汇和混合并产生强烈的动量交换的部位相对应的。在宽尾墩戽池中,水流紊动掺混更为强烈,漩涡更加破碎,掺气也更充分,在脉动压力频谱图上,宽尾墩有较丰富的频率组成,且无明显的主频,而平尾墩则有明显的主频。

表 3-4 两种墩型戽池底板水平段最大动水压力比较

库水位(m)			229.2	227.2	224.0
入池单宽流量 $q[\mathrm{m^3/(s \cdot m)}]$			241	212	169
收缩断面弗劳德数 Fr_1			4.36	4.52	4.86
池底板总能头 $E(\mathrm{m})$			81.7	79.7	76.5
戽池底板动水压力(kPa)	宽尾墩(63#/62#)	H_k	440.5/472.8	424.8/424.8	348.3/390.4
		H_k/E	0.550/0.590	0.543/0.543	0.464/0.520
	平尾墩(64#/62#)	H_p	357.1/357.1	278.6/278.6	245.3/251.1
		H_p/E	0.445/0.445	0.356/0.356	0.327/0.335
	(H_k-H_p) (kPa)		83.4/115.8	146.2/146.2	103.0/139.3
	$(H_k-H_p)/H_p \times 100\%$		23.4/32.4	52.5/52.5	42.0/55.5

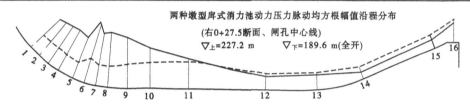

两种墩型戽式消力池动力压力脉动均方根幅值沿程分布

(右0+27.5断面、闸孔中心线)

▽上=227.2 m   ▽下=189.6 m(全开)

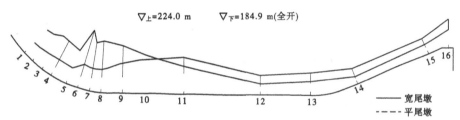

▽上=224.0 m   ▽下=184.9 m(全开)

—— 宽尾墩
----- 平尾墩

两种墩型戽池动水压力脉动幅值均方根(RMS)沿程分布比较表

测点编号(No)			1	2	3	4	5	6	7	8	9	10	11	12	13	14	15	16
桩号(m)			下 0+54.62	56.37	58.29	60.36	63.57	65.92	68.34	70.81	74.91	79.97	87.91	103.91	114.52	124.01	139.09	142.68
坝面高程(m)			155.90	154.11	152.51	151.11	149.48	148.62	148.0	147.63	147.50	147.50	147.50	147.50	147.5	149.85	155.89	157.0
▽上=227.2 m ▽下=189.6 m 闸门全开 $\Delta_H=37.6$ m $Fr_1=4.52$	宽	$\sqrt{\overline{P'^2}}/\gamma(\mathrm{m\ H_2O})$	3.37	3.59	3.76	3.79	3.53	5.17	4.26	4.47	4.09	3.31	2.38	1.05	1.25	0.59	0.78	1.55
		$C_{PK}=\sqrt{\overline{P'^2}}/\gamma\Delta H$	0.090	0.095	0.100	0.101	0.094	0.138	0.113	0.119	0.109	0.088	0.063	0.028	0.033	0.016	0.021	0.041
	平	$\sqrt{\overline{P'^2}}/\gamma(\mathrm{m\ H_2O})$	1.47	1.53	1.60	1.50	1.39	2.02	1.91	1.73	1.89	2.12	2.25	1.22	1.45	1.04	1.16	1.92
		$C_{PP}=\sqrt{\overline{P'^2}}/\gamma\Delta H$	0.039	0.041	0.043	0.040	0.037	0.054	0.045	0.046	0.050	0.056	0.060	0.032	0.039	0.028	0.031	0.051
		$(C_{PK}-C_{PP})=C_{PP}\times100\%$	130.1	131.7	132.6	152.5	154.1	155.6	151.1	158.7	118.0	57.1	5.0	-12.5	-15.4	-42.8	-32.2	-19.6
▽上=224.0 m ▽下=184.9 m 闸门全开 $\Delta_H=39.1$ m $Fr_1=4.86$	宽	$\sqrt{\overline{P'^2}}/\gamma(\mathrm{m\ H_2O})$	2.70	2.84	3.29	3.19	2.97	4.95	4.04	4.20	3.89	3.21	2.24	0.92	1.10	0.56	0.78	1.45
		$C_{PK}=\sqrt{\overline{P'^2}}/\gamma\Delta H$	0.069	0.073	0.084	0.082	0.076	0.127	0.103	0.107	0.099	0.082	0.057	0.024	0.028	0.014	0.020	0.037
	平	$\sqrt{\overline{P'^2}}/\gamma(\mathrm{m\ H_2O})$	1.21	1.30	1.43	1.57	1.47	2.05	1.89	1.92	2.49	2.86	3.04	1.55	1.84	1.32	1.35	2.36
		$C_{PP}=\sqrt{\overline{P'^2}}/\gamma\Delta H$	0.031	0.033	0.037	0.040	0.038	0.052	0.048	0.049	0.064	0.073	0.078	0.040	0.047	0.034	0.035	0.060
		$(C_{PK}-C_{PP})=C_{PP}\times100\%$	122.6	121.2	127.0	105.0	100.0	144.2	114.6	118.4	54.7	12.3	-26.9	-40.0	-40.4	-58.8	-42.9	-38.9

图 3-12 两种墩型戽池动水压力脉动幅值均方根(RMS)沿程分布比较

宽尾墩戽池底板脉动压力幅值虽较平尾墩为大,但大部分是在反弧段(9#测点上游),该处为溢流坝体的一部分,对池底板作用不大;至于戽池前水平段底板小范围内(约1/3)脉压幅值较大的问题,由于宽尾墩戽池内的水位大幅升高,在该部位的时均动水压力大幅增大,而脉压增值只占时均动水压力的1/9~1/4,故对底板的稳定无明显影响。此外,通过振动分析,表明脉压诱发的底板和坝体的振动,其量级均较微弱,二者无本质的差别。

3.2.6　两种墩型戽池消能效果比较

对岩滩表孔戽式消力池的比较试验表明,增设了宽尾墩之后,戽式消力池的各项水力指标都有明显改善。上述断面模型试验成果经广西水科院整体和半整体模型的试验验证,在洪水频率 $P=0.002\%~1.0\%$,流量 $Q=33\ 400~17\ 500\ m^3/s$ 条件下,两种墩型消能冲刷特征比较见表3-5。

由表3-5可见,宽尾墩戽式消力池增进消能效果主要表现在以下几个方面:

(1)宽尾墩戽池形成了稳定而完整的三元水跃,它可以消耗更多的过堰水流动能,其中一部分通过比平尾墩条件下更为强烈的紊动剪切转化为热能并耗散;一部分转化为势能,其水力现象是戽池内水面线和动水压力的升高(见表3-5)。各典型水力条件下,宽尾墩戽池内水深比平尾墩戽池高 4.0~10.2 m,增加 11%~40%,戽池首部时均动压力增加 10.9~14.2 T/m²,底板水平段(全长 40 m)时均动水压力增加 5.0~6.1 T/m²,增加 15%~20%。由于时均动水压力的增加,底板抗浮稳定安全系数 K_f 值由平尾墩条件下的 K_{fp} 的 0.97~0.87 提高到宽尾墩的 K_{fK} 的 1.12~1.10,增设宽尾墩后,有利于戽池底板的抗浮稳定。

(2)出戽流速大为降低。各典型水力条件下,宽尾墩型戽坎顶部最大流速降低了 8.7~6.4 m/s,亦即比平尾墩型减少了 38.8%~26.1%;宽尾墩型戽池底部最大流速降低了 -13.2~-6.8 m/s,即比平尾墩戽池降低了 43.4%~23.4%不等;戽坎平均流速降低了 35.4%~26.5%(-4.17~-4.19 m/s),河道表面流速(以下桩号 0+200 为例)分别降低了 40.3%~22.4%(6.2~3.2 m/s)。

(3)在出戽流速大幅降低的同时,宽尾墩尾坎后的涌浪高度大为降低,原平尾墩型戽池的"三滚一浪"现象消失,池内外水面衔接平稳。各典型水力条件下,坎后涌浪高度降低了 82.9%~52.9%(-11.6~-7.4 m),亦即其涌浪高度只有平尾墩条件下的1/5左右。

(4)两种墩型下游河床冲刷特性比较见表3-5。各典型水力条件下,宽尾墩戽池河床冲刷深度减少了 59.6%~43.2%(2.8~1.6 m)。一般而言,平尾墩戽池下游冲刷深度不是太大,并随着戽流淹没度的增加而减少,但冲刷范围随着出戽流速的增大而有所扩大。两种墩型戽池比较,宽尾墩条件下除冲刷深度浅外,下游河床冲刷的范围还大幅度缩小。涉及下游冲刷的另一个指标是戽坎后的淤积,宽尾墩戽池尾坎后河床底部的逆向漩涡甚弱,冲刷料不时为紊流漩涡卷吸上扬并回溯至尾坎后淤积的现象同平尾墩型比较大为减弱,在库水位224.0 m条件下,甚至回溯不到尾坎后面,这就大大减少了下游砂石进入戽池的机会。此外,下游冲刷减轻,使得厂坝之间导墙基础面高程提高约 3 m,节约了工程量。

表 3-5　两种墩型消能冲刷特征比较

消能冲刷特性项目		库水位(m)	229.2		227.2		224.0	
		下游水位(m)	193.0		189.2		184.9	
		入池单宽流量 $q[\text{m}^3/(\text{s}\cdot\text{m})]$	241		212		169	
		收缩断面弗劳德数 Fr_1	4.36		4.52		4.86	
		底板以上总能头 E(m)	81.7		79.7		76.5	
		墩型及代号	宽尾墩 (k)	平尾墩 (p)	宽尾墩 (k)	平尾墩 (p)	宽尾墩 (k)	平尾墩 (p)
戽池平均水深(m)		水深值 h(m)	40.5	36.5	38.9	30.5	36.7	25.5
		差值 Δh(m)	4.0		8.4		10.2	
		$\Delta h/h_z \times 100\%$	11.0		27.5		40.0	
戽池底流速(m/s)		流速值 v_1(m/s)	17.2	30.4	18.0	30.4	22.2	29.0
		差值 Δv_1(m/s)	−13.2		−12.4		−6.8	
		$\Delta v_1/v_{1z} \times 100\%$	−43.4		−40.8		−23.4	
戽坎流速(m/s)		最大流速值 v_{jm}(m/s)	18.1	24.5	17.0	23.8	13.7	22.4
		差值 Δv_{jm}(m/s)	−6.4		−6.8		−8.7	
		$\Delta v_{jm}/\Delta v_{jmz} \times 100\%$	−26.1		−35.0		−38.8	
		平均流速值 v_{jc}(m/s)	11.63	15.82	10.87	14.45	7.61	1.78
		差值 Δv_{jc}(m/s)	−4.19		−3.58		−4.17	
		$\Delta v_{jc}/\Delta v_{jcz} \times 100\%$	−26.5		−24.8		−35.4	
下游表面流速(m/s)(0+200)		流速值 v_B(m/s)	9.2	15.4	11.1	14.3	9.1	14.1
		差值 Δv_B(m/s)	−6.2		−3.2		−5.0	
		$\Delta v_B/\Delta v_{Bz} \times 100\%$	−40.3		−22.4		−35.5	
戽坎后涌浪(m)		涌浪高度 d(m)	6.6	14.0	5.2	16.0	2.4	14.0
		差值 Δd(m)	−7.4		−10.8		−11.6	
		$\Delta d/\Delta d_z \times 100\%$	−52.9		−69.5		−82.9	
下游冲刷深度(m)		冲刷深度 e(m)	2.0	4.2	2.1	3.7	1.9	4.7
		差值 Δe(m/s)	2.2		1.6		2.8	
		$\Delta e/\Delta e_z \times 100\%$	52.3		43.2		59.6	
坎后淤积		高程 t(m)	153.7	154.8	150.3	153.6	151.5	153.4
		差值 Δt(m/s)	1.1		3.3		1.9	
		$\Delta t/\Delta t_z$	—		—		—	
下游波浪高度(0+200)		平均波高 λ(m)	2.60	7.10	2.3	6.5	2.2	
		差值 $\Delta\lambda$(m)	−4.5		−4.2		−3.5	
		$\Delta\lambda/\lambda_z$	−63.4		−64.6		−61.4	

（5）戽式消力池加设宽尾墩后，大大改变了原平尾墩戽池的面流特征，其重要标志就是下游波浪的大幅度削弱。两种墩型戽池下游波浪要素比较见表3-5。由表3-5数据可见，宽尾墩戽池下游浪高一般仅为相同水力条件下平尾墩的35%～40%。由于平尾墩戽池余能较大，并以表面波浪的形式向下游传播，它常常对下游河道两岸的护岸工程和岸坡稳定带来威胁。宽尾墩戽池有效地提高了戽池本体的消能率，以波浪形式向下游传播的余能大为减小，所以宽尾墩与消力池的联合运用，是解决戽式消力池下游波浪大这一难题的有效途径。

（6）下游河道右岸回流强度减轻，原平尾墩戽池右岸最大回流流速6.42～3.13 m/s，而宽尾墩戽池最大回流流速降低为3.13～1.98 m/s，回流强度减弱后，回流压缩主流的现象消失。

岩滩采用宽尾墩戽式消力池的成功经验表明：在解决大单宽流量、低弗劳德数消能问题时，戽式消力池的消能工同底流消力池比较，由于池长较短，常为工程界所首选，但由于平尾墩戽式消力池的面流消能不够充分，下游流态多变和波浪大等问题难以解决，从而大大限制其应用范围。当把宽尾墩和戽式消力池联合运用时，以三元戽跃代替了二元戽流，在效地解决了平尾墩戽式消力池的上述缺点和存在的问题。因此，它必将大大扩大戽式消力池型消能工在工程中的应用范围，而成为解决大单宽、低弗劳德数消能问题的一种新的途径。

3.3　消能机制和水力计算方法

宽尾墩戽式消力池的消能特点和机制与一般宽尾墩消力池联合消能工的消能机制没有什么本质的不同，它们都是利用宽尾墩本身在堰顶产生的多股三元收缩射流沿坝面下泄，并在戽池反弧段坦化、交汇和混合来极大地加强水流内部的紊动剪切和掺混作用，使过堰水流的更多动能转换为热能和势能，从而达到变平尾墩戽池内的二元戽流（不完全水跃）为稳定的、完全的三元戽跃，从而大大提高传统的平尾墩戽式消力池的消能效果。

两种墩型戽池流动特征及水力因素的显著差别，在水力学上表现为宽尾墩戽池产生戽跃的临界水深显著降低、消能率大大提高。为了保证宽尾墩戽式消力池内不产生不能允许的涌浪—附贴挑流状态，宽尾墩戽式消力池水力计算的基本问题是对拟定的宽尾墩和戽体体型，在一定的来流条件下，计算出三元戽跃发生的临界水深h_2，并使相应的下游水深h_B满足$h_2 < h_B$，以检验该体型的可行性。

对如图3-13所示的宽尾墩戽式消力池的水力计算简图，建立宽度为B的连续方程和沿水平向的动量方程如下：

$$Q = bh_0U_1 = Bh_2U_2 \tag{3-1}$$

$$\frac{\gamma}{g}QU_1 + P_1\boxed{\ }\cos\theta = \frac{\gamma}{g}QU_2 + P_2 - P_3 + P_4 - P_5 \tag{3-2}$$

式中：Q为溢流坝一个闸孔的来流量；b为第一共轭水深（AB断面）处堰顶收缩射流水舌宽度；h_0为第一共轭水深处（AB断面）堰顶收缩射流水舌高度；U_1为第一共轭水深（AB断面）处堰顶收缩射流的断面平均流速；B为相邻二闸墩中心线之间的距离；h_2为第二共

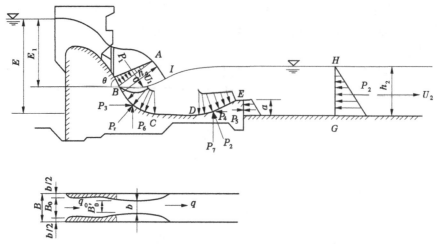

图 3-13　宽尾墩戽式消力池的水力计算简图

轭水深(GH 断面);U_2 为第二共轭水深处的断面平均流速;γ 为水的容重;g 为重力加速度;P_1 为第一共轭水深处(AB 断面)动水压力合力;θ 为坝坡和水平线夹角;P_2 为第二共轭水深处(GH 断面)动水压力合力;P_3 为水体在反弧面所受的动水压力合力的水平分量;P_4 为水体在戽池尾坎上游面所受作用力的合力的水平分量;P_5 为水体在戽池尾坎下游面所受作用力的合力的水平分量。

通过对式(3-2)右端各种力的分析可得:

(1)在下游尾水断面 GH 处的动水压力 P_2,可按静水压力分布考虑:

$$P_2 = \frac{1}{2}\gamma B h_2^2 \tag{3-3}$$

(2)在 AB 断面上由于堰顶收缩射流在此处进入戽式消力池水垫,收缩射流两侧及顶部均为自由面,其压强为零,但水舌中心线部位的动水压力仍然假定按静水压力分布。因此,令 AB 断面上的动水压力的合力为

$$P_1 = \xi_1 \gamma b h_0^2 \tag{3-4}$$

式中:h_0 为"第一共轭水深"h_1 处(AB 断面)的水舌高度,由于宽尾墩堰顶收缩射流的三元特性,令第一共轭水深 $h_1 = k h_0$, $k = b/B_1$ 为射流收缩比,故也可称 h_1 为"折算(或当量)第一共轭水深";ξ_1 为该断面动水压力的折算系数。

(3)反弧段和尾坎段水体动水作用力的合力依次用下式计算:

$$P_3 = \xi_3 \gamma B R h_2 \tag{3-5}$$

$$P_4 = \xi_4 \gamma B a h_2 \tag{3-6}$$

式中:ξ_3、ξ_4 为反弧段和戽坎段部位的动水作用力的折算系数。

戽式消力池尾坎上游面的斜坡线,一般以反弧和底板相连接,但该处反弧的圆心角及弧段均较小,这里假定尾坎上游面近似为斜坡线,因此各系数均与宽尾墩消力池的形式相同,但 ξ_3 和 ξ_4 不相同。

（4）尾坎下游面动水压力按线性梯形分布考虑，故

$$P_5 = \frac{\gamma B a}{2} \xi_5 (2h_2 - a) \tag{3-7}$$

式中：ξ_5 为该部位的动水压力折算系数；a 为坎高。

注意到连续方程（3-1），即有：$B_1 = Q/bh_0$，$B_2 = Q/Bh_2$。

把以上诸关系式代入式（3-2）可得出宽尾墩底式消力池三元底跃第一、第二共轭水深比的完全三次代数方程：

$$\eta^3 + A\eta^2 + B\eta + C = 0 \tag{3-8}$$

式中　　$A = -2\left[\xi_3 \dfrac{R}{h_1} - \dfrac{a}{h_1}(\xi_4 - \xi_5)\right]$

$\qquad B = -2\left[\dfrac{\xi_1}{\beta} + Fr_1^2\right]\cos\theta + \xi_5\left(\dfrac{a}{h}\right)^2$

$\qquad C = 2Fr_1$

式中：η 为共轭水深比，$\eta = h_2/h_1$，h_1 为三元底跃第一（折算或当量）共轭水深，$h_1 = \beta h_0$，其中 β 为射流收缩比，$\beta = b/B$；Fr_1^2 为折算成二元底跃的弗劳德数，$Fr_1^2 = q^2/gh_1^3$，其中 q 为入池单宽流量，$q = Q/B$。

对式（3-8）完全三次代数方程进行求解，可先把式（3-8）化为简化方程：

$$y^3 + py + q = 0 \tag{3-9}$$

其中，$y = \eta + A/3$，$p = B - A^2/3$，$q = 2A^3/27 - AB/3 + C$。

一般有物理意义的解具有 $(q/2)^2 + (p/3)^3 < 0$，这时，三次方程[式（3-9）]有 3 个不等的实根：

$$\eta_1 = 2\sqrt[3]{r}\cos\frac{\varphi}{3} - \frac{A}{3}$$

$$\eta_2 = 2\sqrt[3]{r}\cos\left[\frac{\varphi}{3} + 120°\right] - \frac{A}{3} \tag{3-10}$$

$$\eta_3 = 2\sqrt[3]{r}\cos\left[\frac{\varphi}{3} + 240°\right] - \frac{A}{3}$$

式（3-10）中的最大正实数根 η_1 就是相应于我们所要求的底跃发生的临界水深的解，即

$$\eta_1 = 2\sqrt[3]{r}\cos\frac{\varphi}{3} - \frac{A}{3} \tag{3-11}$$

其中，$r = \sqrt{-\dfrac{p^3}{27}}$，$\cos\varphi = -\dfrac{q}{2}\Big/\sqrt{-\dfrac{p^3}{27}}$，则第二共轭水深为

$$h_2 = \eta_1 k h_0 \tag{3-12}$$

跃前收缩射流高度 h_0（第一共轭水深）的计算公式仍如式（2-19）所示。表 3-6 列出了岩滩表孔宽尾墩底式消力池底跃发生的临界水深计算值与实测值的比较。应该说明的是，计算中涉及的系数 ξ_3、ξ_4 是从试验中得出的。

由上面的水力学理论分析和水力计算方法可知，宽尾墩底跃和稳定的完全三元水跃

本质上并没有什么不同。因此,其跃长仍可以按宽尾墩消力池的经验公式[式(2-22)]确定,即

$$L_H = 4.25h_2 \qquad (3-13)$$

表 3-6 岩滩宽尾墩戽式消力池戽跃发生临界水深计算值和实测值比较

库水位(m)	229.2	227.2	224.0
来流流量 $Q(\mathrm{m^3/s})$	4 820	4 240	3 380
入戽单宽流量 $q(\mathrm{m^3/s})$	241	212	169
计算断面水舌高度 $h_0(\mathrm{m})$	15.3	14.1	11.7
第一共轭水深 $h_1(\mathrm{m})$	3.97	3.65	3.05
戽跃发生临界水深 $h_2(\mathrm{m})$ 计算值	35.7	33.8	28.9
戽跃发生临界水深 $h_2(\mathrm{m})$ 试验值	34.1	32.5	29.7

但是,由于宽尾墩的作用,原来二元戽流"三滚一浪"的典型流态已大为改观。由于尾坎的存在有把出池水流挑向下游河道表面的作用,河道底部虽然仍有底漩,但强度十分微弱,且冲刷甚微,这是宽尾墩戽式消力池的戽跃和宽尾墩底流消力池的水跃不同之处。因此,宽尾墩戽池可在保持完全三元水跃的基本形态下来确定池长。我们建议,宽尾墩戽池的理论池长可按下式确定:

$$L_p = (0.4 \sim 0.5)L_H \qquad (3-14)$$

如果考虑一般底流消力池理论池长 $L'_p = (0.7 \sim 0.8)L'_H$,宽尾墩戽式消力池池长比宽尾墩底流消力池池长要短。因此,采用了宽尾墩技术后,戽式消力池的经济性就得以充分发挥了。也就是说,在能够采用宽尾墩消力池的工程,也可以考虑采用池长更短的宽尾墩戽式消力池。

关于宽尾墩戽式消力池三元戽跃消能率的估计,众所周知,消能率的估计式为 $K = (E_0 - E_2 - E_t)/E_0$,其中 E_0 为以池底(或河床)为基准的来流总能头,E_2 为下游河道以河底为基准的总能头,E_t 为下游河道紊动能、波能等的总能头。由于 E_t 的确定十分困难,平尾墩戽池消能率很难估计。在宽尾墩戽池三元戽跃的条件下,E_t 显著减少。根据我们的试验资料,在一倍跃长以内,$K = (0.7 \sim 0.8)(E_0 - E_2/E_0)$,在 2~3 倍跃长之后,$K = (E_0 - E_2)/E_0$。因此,一般戽式消力池的消能率可达 45%~60%。

以上分析表明,宽尾墩戽式消力池联合消能工的消能机制和宽尾墩底流消力池联合消能工没有重大差别,其实质都是由于多股堰顶收缩射流在戽池水垫内的交汇、混合,从而大大加强水垫内水流的紊动剪切和掺混作用,并产生一种特殊的宽尾墩三元戽跃,这种戽跃本质上是一种发生在戽式消力池(或短消力池)上的完全三元水跃,它大大改变了原来二元戽流"三滚一浪"的面流特征,因而大大提高了戽池本体的消能率。

3.4　原型观测的验证

岩滩水电站工程于 1985 年 3 月开工,1987 年 11 月截流,1992 年 3 月下闸封堵导流

底孔,水库开始蓄水,1992 年 9 月 16 日,电站第一台机组正式并网发电。溢流表孔于 1992 年 5 月 11 日开始溢流,6 月 18 日首次迎接入库流量 11 400 m³/s,表孔承担泄量 7 221 m³/s,下游流态平稳,与水工模型试验相吻合。1992 年 5 月以后,迄今已历经 8 个汛期,每年 6~9 月流量 3 000~15 000 m³/s 不等,绝大部分由表孔宣泄,表孔发挥了枢纽主要泄洪建筑物的重要作用。

岩滩表孔泄洪水头高、流量大,它的宽尾墩庈式消力池联合消能工为国内第一次建成,在国外也无先例,它的建成已为国内水工设计及水力学界所关注;它的运行状况的好坏,直接关系到工程的安全和这种新型消能工的推广应用。因此,进行一次较大规模的水力学原型观测意义重大。此外,为了在岩滩建设宽尾墩庈式消力池联合消能工,在设计过程中,曾经进行大量的模型试验和计算分析,并采取了相应的工程措施,但由于高速水流问题的复杂性,这些试验研究和理论计算的成果都有待原型观测的进一步验证。为此,由岩滩水电站工程建设有限公司组织有关设计、科研和运行管理单位进行了一次大规模的原型观测。1996 年 1 月,利用年初工程竣工前最后一次对庈式消力池进行抽水检查的有利时机,将原型观测水下部分的所有仪器进行埋设,为这次原型观测创造了有利条件。1996 年 7 月 2 日,第一场大洪水到达岩滩水库,各承担观测任务单位及时赶赴岩滩水电站,并于 1996 年 7 月 5~7 日及时进行了水力学原型观测。这次原型观测主要是针对岩滩表孔在国内首次建成宽尾墩庈式消力池的工程特点及人们所关注的技术问题,如消能效果、动水压力及其脉动、宽尾墩的流激振动、雾化对厂区的影响等一系列主要问题进行的。通过对这次 10 个项目的全面、系统的原型观测,取得了大量翔实的资料和宝贵成果。

这次原型观测证实,在表孔泄洪时,宽尾墩庈式消力池闸室内形成的堰顶收缩射流及庈池中形成的三元完全水跃(庈跃)的流态与模型试验基本吻合。在原型中,庈池内原常规平尾墩庈式消力池不完全水跃“三滚一浪”的庈流流态消失了,代之以宽尾墩型三元水跃流态,使常规庈式消力池所具有的消能不够充分的庈流特征,变为具有消能十分充分的三元水跃的底流特征。可以看出,庈式消力池增设宽尾墩的效益显著;庈池首部底流速向庈坎沿程迅速减小;出庈水流和下游尾水平顺衔接;出池水流被调整到天然河道流速分布的距离缩短,获得了良好的下游河势;降低了岸边流速,有利于下游护岸稳定和安全;尾水波动小,有利于机组的正常运行。总体上达到了优化设计所预期的目的。

3.4.1　表孔泄洪宽尾墩庈式消力池的宏观流态

3.4.1.1　宽尾墩形成的堰顶收缩射流流态

宽尾墩上游的闸室流态和一般闸室的流态相似,而水流经过宽尾墩时,由于受到宽尾墩的约束作用,过闸水流被收缩成窄而高的射流,射流顶部的溢流水舌表面受两侧宽尾墩顶部削坡的影响,而逐渐爬高并扩宽,在横断面上射流呈中间低两侧高的“Y”字形,从宽尾墩收缩起点开始,水舌表面产生冲击波并在水舌表面上形成水翅,水翅表面破碎并掺气。出宽尾墩的收缩射流主流沿坝面下泄,两侧宽尾墩由冲击波形成的两支水翅向孔中心线收拢、交汇碰撞,并形成一个空腔,碰撞中激起一股乳白色表面射流,喷发出阵阵水雾(见图 3-14、图 3-15)。

在闸门全开情况下,宽尾墩收缩射流的主流出闸室后沿坝面向下运动,进入反弧段

图 3-14　水流出宽尾墩水舌表面两支水翅在空中交汇情景(俯视)

图 3-15　水流出宽尾墩水舌表面两支水翅在空中交汇情景(侧视)

时,水舌急剧扩散坦化,并与相邻闸孔的各股收缩射流在戽式消力池首部相互碰撞、掺混,在水舌入水处,形成宽尾墩"三元戽跃"的跃首,在该处可见阵发性地激起一股股离散状态水气混合,水花飞溅,随着涌浪的跃起,升腾起大片的水雾,但总体来说,水雾的数量和高度都不太大,仅有少量水雾短时间爬升到厂坝导墙的顶部。

3.4.1.2　宽尾墩戽式消力池泄洪流态

7月5日和6日进行6孔全开和7孔全开时,宽尾墩戽式消力池泄洪时的宏观流态见图 3-16～图 3-19。

第一次观测试验于 1996 年 7 月 5 日 9:00～11:00 正式进行,库水位 219.34～219.15

图 3-16　7 月 5 日 1#~6#表孔闸门全开泄洪远景

图 3-17　7 月 5 日 1#~6#表孔闸门全开泄洪近景

m,1#~6#溢流表孔全开,过坝流量 12 847~12 625 m³/s,下游尾水位 174.08~175.75 m。宽尾墩戽式消力池泄洪远景见图 3-16,近景见图 3-17。

　　第二次观测试验于 1996 年 7 月 6 日 12:30~14:00 正式进行,库水位为 218.70~218.32 m,1#~7#表孔全开,过坝流量 14 128~13 625 m³/s,下游尾水位 175.55~176.05 m。宽尾墩戽式消力池泄洪远景见图 3-18,近景见图 3-19。

　　由上述近景照片图 3-17 和图 3-19 可见,堰顶收缩射流水舌在戽池首部入水之后整个戽池首部水流充满着大大小小的漩团,紊动十分强烈,池内水体大量掺气而呈现白茫茫一片,即呈现出典型的宽尾墩型"三元水跃"(戽跃)的流态。

图 3-18　7 月 6 日 1#~7# 表孔闸门全开泄洪远景

图 3-19　7 月 6 日 1#~7# 表孔闸门全开泄洪近景

3.4.1.3　出戽坎处的流态和水面线

由远景照片图 3-16、图 3-18 可见,池内水面总体上较为平稳,戽坎处未见有明显的水面壅高,出戽坎之后水面较为平稳(见图 3-20 和图 3-21),虽然水面的白色浪花状水流一直维持到下 0+250 至下 0+270 左右,但水流已经是平顺地向下游流动。

3.4.2　宽尾墩戽式消力池下游水位与流态

本次原型观测对岩滩枢纽采用宽尾墩戽式消力池对下游两岸岸坡防护的影响进行了观测和评价。

岩滩电厂泄洪能量大,为工程安全起见,两岸均修筑了岸坡防护工程,其左岸相对于

图 3-20　表孔闸门全开泄洪出席坎处的流态和水面线远景

图 3-21　表孔闸门全开泄洪出席坎处的流态和水面线近景

右岸陡峻,右岸坡较缓。左、右岸均为混凝土护面板护坡右岸护筑到下 1+307,左岸护筑到下 1+270,其后为天然岸坡,在右岸下 0+640 处有一条较大的沟豁,在下 0+790 处有一条排水沟,这些沟口均修筑了混凝土防护工程。

　　在工况 Ⅰ 时,5#、6#溢流表孔全开水流出席池后,水流左侧绕过左底孔导墙末端(下 0+172.4)后逐渐扩散至左岸,在升船机下闸首以下一段小范围内出现回流区,水流右侧至厂坝导墙末端(下 0+230)之后,导墙约束作用消失,水流随即向右大约以 45°向厂房尾水渠扩散,至下 0+350 处左右扩散至岸边,顺沿右岸向下流动,参见图 3-22。在尾水渠内则产生沿岸边逆上回流。厂房尾水渠右岸下 0+280—下 0+320 岸边实测表面流速为 2.3~3.5 m/s,在下 0+450—下 0+600 处顺流向流速为 3.6~4.0 m/s,至下 0+700 处流速为 3.0 m/s。

图 3-22　表孔闸门全开泄洪出池水流下游右岸流态

在工况 Ⅱ 时 1#~7# 溢流表孔全开水流出戽池后,由于 7# 表孔水流的加入,主流略偏左岸,并且右岸岸边流速减小,下 0+400 处流速为 2.7~3.7 m/s ,下 0+500—下 0+ 600 一带呈 0~2 m/s 的往复流,下 0+700 为 2.0 m/s 流速。

两岸水位及其变幅,在工况 Ⅰ 时,有 4 台机组运行,由于 1~6# 表孔全开,河道主流偏向右岸,由表 3-7 可见,河段下 0+400—下 0+800 两岸相应桩号处,右岸的水位比左岸的水位高 0.3~0.7 m,右岸的岸坡波浪最大爬高比左岸高 0.9(0+400) ~ 1.3 m(下 0+800) ,右岸下 0+400 处最大爬高 4.2 m,左岸相应为 3.3 m,右岸下 0+800 的最大爬高 3.5 m,左岸相应为 2.2 m。在工况 Ⅱ 情况下,由于 1#~6# 表孔全开,主流偏向左岸,河段下 0+400—0+800 两岸相应桩号处,右岸水位比左岸水位略高 0.2 m 左右,右岸下 0+400 处最大爬高 3.5 m,左岸相应为 3.6 m,右岸下 0+800 处最大爬高 4.1 m,左岸相应为 4.2 m,左岸比右岸略高。

在与原型相同的工况下,利用水工整体模型进行反馈试验,测得下游岸坡波浪试验值,见表 3-7。由于模型试验的河段水下地形与原型不尽相同,二者之间只能从整体变化趋势上进行比较,从主流流向来看,在工况 Ⅰ 时,模型主流偏向右岸没有原型明显,原型、模型波浪的爬高大部分为同一量级。

综上所述,由本次原型观测成果可见,泄洪时整个河道流势均较为顺畅(参见图 3-23),岸坡最大流速不超过 4.0 m/s,此流速小于混凝土护岸的抗冲流速,经泄洪后,岸坡完好无损。

在电厂尾水渠下游形成回流流态等。从这些照片中可以看出,戽式消力池增设宽尾墩的效益显著:戽池首部底流速向戽坎沿程迅速减小;出戽水流和下游尾水平顺衔接;出池水流被调整到天然河道流速分布的距离缩短,获得了良好的下游河势;降低了岸边流速,有利于下游护岸稳定和安全;尾水波动小,有利于机组的正常运行。总体上达到了优化设计所预期的目的。

表 3-7　宽尾墩戽池下游两岸水位原型观测值与模型试验值比较

工况	水尺 位置	水尺 桩号	平均水位(m) 原型	平均水位(m) 模型	波峰水位(m) 原型	波峰水位(m) 模型	波谷水位(m) 原型	波谷水位(m) 模型	波高(m) 原型	波高(m) 模型
I	尾水渠	左下 0+160	174.90~175.30	175.28	176.40	175.60	174.60	174.80	1.80	0.80
		右下 0+220	—	175.50	176.59	176.25	174.00	174.80	2.59	1.45
	左岸	下 0+400	175.80	175.75	178.70	178.10	175.40	174.00	3.30	4.10
		下 0+600		175.65	—	176.55	—	174.90	—	1.65
		下 0+800	175.60	175.60	177.00	177.15	174.80	174.65	2.20	2.50
	右岸	下 0+400	176.50	175.40	179.00	178.20	174.80	174.35	4.20	3.85
		下 0+600	176.20	175.40	178.40	177.50	175.50	174.10	2.90	3.40
		下 0+800	175.80	175.60	178.00	177.30	174.50	174.35	3.50	2.95
II	尾水渠	左下 0+160	176.80~176.20	175.55	176.50	176.35	175.30	175.20	1.20	1.15
		右下 0+220	176.14	176.00	177.64	176.80	174.80	175.45	2.84	1.35
	左岸	下 0+400	176.60	176.20	179.00	178.80	175.40	174.90	3.60	3.90
		下 0+600	—	176.10	—	177.20	—	175.00	—	2.20
		下 0+800	175.60~176.75	176.10	179.00	177.70	174.80	175.00	4.20	2.70
	右岸	下 0+400	176.80	176.10	179.00	178.30	175.50	175.05	3.50	3.25
		下 0+600	176.80	176.05	179.80	179.10	175.80	174.30	4.00	4.80
		下 0+800	176.40	175.95	179.50	178.50	175.40	174.35	4.10	4.15

注:原型下 0+400、下 0+600、下 0+800 处水位实际为波浪爬升高度。

3.4.3　闸室及戽式消力池内的水面线

利用 1#孔右边墙的 11 根水尺观测了闸室至广坝导墙末端(下 0+219)范围内的水面线,其成果见表 3-8,表 3-8 中包括了广西水科院按照本次原观的工况在 1:00 整体模型重现原型工况的测量数据。从表 3-8 中的数据可见,总体来看,模型与原型的水面线基本吻合。

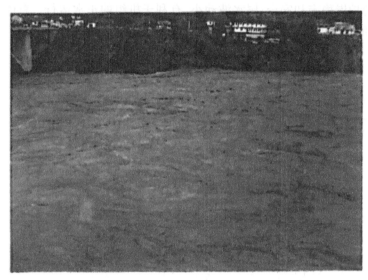

图 3-23　表孔闸门全开泄洪下游大桥测流断面附近流态

表 3-8　岩滩水电站表孔闸室和右边墙水面线原型观测

流量 （m³/s）	水尺桩号	平均水面线 高程（m）	最高水面线高程 （m）	最低水面线 高程（m）	最大水面线 变幅（m）
14 000	下 0+000	216.00~216.15 （216.35）	—	—	—
	下 0+006.73	214.80 （215.00）	—	—	—
	下 0+024.0	204.90~205.00 （205.9）	—	—	—
	下 0+040.0	202.40 （—）	202.60 （200.20）	201.90 （199.50）	0.7 （0.7）
	下 0+060.0	176.00 （162.70）	182.00 （173.50）	172.50 （161.0）	9.5 （12.5）
	下 0+080.0	— （172.70）	186.00 （179.80）	176.00 （171.70）	10.0 （8.1）
	下 0+100.0	— （173.50）	182.00 （178.90）	175.00 （173.00）	7.0 （5.9）
	下 0+120.0	176.00 （175.80）	179.00 （174.20）	175.80 （174.50）	3.2 （4.7）
	下 0+140.0	176.80~177.00 （176.00）	178.00 （178.72）	175.00 （175.40）	3.00 （4.7）
	下 0+160.0	175.80~176.20 （176.00）	178.20 （177.70）	175.60 （174.70）	2.6 （3.0）
	下 0+219.0	175.80~176.2 （175.80）	179.05 （176.50）	174.20 （174.60）	4.85 （2.3）

续表 3-8

流量（m³/s）	水尺桩号	平均水面线高程（m）	最高水面线高程（m）	最低水面线高程（m）	最大水面线变幅（m）
16 000	0+000	215.60（215.42）	—	—	—
	下 0+006.73	214.30（213.67）	—	—	—
	下 0+024.0	204.50（204.76）	204.50（—）	204.20（—）	0.3（—）
	下 0+040.0	202.00（199.22）	202.60（—）	201.90（—）	0.7（—）
	下 0+060.0	199.22（163.40）	182.00（171.50）	172.50（161.30）	9.5（10.2）
	下 0+080.0	—（173.05）	186.00（178.55）	176.00（171.60）	10.0（6.95）
	下 0+100.0	—（175.25）	182.00（179.30）	175.00（173.09）	7.0（6.21）
	下 0+120.0	179.20~180.00（176.70）	181.10（179.35）	177.80（174.20）	3.3（5.15）
	下 0+140.0	—（176.90）	179.00（178.70）	176.40（174.90）	2.6（3.80）
	下 0+160.0	178.00（176.70）	180.00（178.50）	175.60（175.60）	4.4（2.9）
	下 0+219.0	176.20（176.05）	177.50（177.00）	175.00（175.60）	2.5（1.4）

注：表中（ ）中数据为 1∶100 整体模型试验值。

3.4.4　戽式消力池内时均动水压力及脉动压力观测

3.4.4.1　时均动水压力观测

　　沿溢流坝 2# 表孔中心线的反弧、底板、尾坎面、戽池右边墙及 1# 表孔右宽尾墩侧面上，预埋了 16 个原型观测通用底座，其中用作动水压力观测的测点 9 个。

　　在泄洪工况 I 及工况 II 条件，3# 测点（戽池下反弧，桩号 0+115.25，高程 149.57 m）和 7# 测点（戽池底板上，桩号 0+90.27，高程 147.75 m）的时均动水压力为 215~232 kPa，2# 测点（戽池尾坎顶部，桩号 0+142.67，高程 156.06 m）在戽坎顶部，测得的时均动水压力平均值为 106~108 kPa，由于 2# 测点比底板高约 9.5 m，所以测量结果还是合理的。

　　工况 I 及工况 II 条件下，2#、3#、7# 测点的时均动水压力平均值与以前整体模型试验值（模型试验的泄流量 Q=17 500 m/s，库水位 219.9 m，下游水位为 179.65 m）相比较，详见表 3-9。由表 3-9 中数据可见，原型值均较模型值为小，但考虑到原型观测的堰顶水头比模型试验小 0.68~1.58 m，泄量小 3 498~4 880 m³/s，下游水位低 3.6~4.1 m，二者试验工况有所不同，若根据测点的位置、高程和池内水深等因素综合考虑，原型量测到的时均动水压力的结果还是合理的。

表 3-9　岩滩宽尾墩表孔原型测点时均动水压力与模型试验值(kPa)比较

位置		戽坎顶		池底后部		池底	
测点号		原型 2#	模型 176#	原型 3#	模型 170#	原型 7#	模型 166#
桩点		0+142.70	0+143.38	0+115.25	0+114.00	0+090.23	0+086.00
高程(m)		156.86	157.00	147.54	147.50	147.75	147.50
工况 I *	整体模型 $Q=17\,500$ m^3/s	105.8	199.1	—	286.0	222.8	273.2
工况 II *	$H_上=219.90$ m $H_下=179.65$ m	107.5		231.8		215.4	

注: * 工况 I : $H_上=219.15\sim219.22$ m, $H_下=175.43\sim175.77$ m,1#~6#表孔全开, $Q_表=12\,625\sim12\,707$ m^3/s, $Q_总=15\,058\sim15\,146$ m^3/s。

工况 II : $H_上=218.32\sim218.70$ m, $H_下=175.55\sim176.15$ m,1#~7#表孔全开, $Q_表=13\,625\sim14\,128$ m^3/s, $Q_总=15\,806\sim16\,227$ m^3/s。

3.4.4.2　脉动压力观测成果

在泄洪工况 I 及工况 II 条件下,在量测时均动水压力的同时也获得测点 2#、3#、7# 的脉动压力的测量成果。

戽池底板 2#、3# 和 7# 测点脉动压力均方根值的平均值与半整体模型脉动压力试验值(库水位为 223 m,下游水位为 178.8 m)相比较,详见表 3-10。由于原型库水位比模型试验库水位低 4~5 m,原型下游水位比模型下游水位低 2.7~3.4 m,相应测点桩号与高程均有差别,但原型和模型各相应部位的脉动压力值的大小规律一致,不仅戽池前部底板上脉压比后部的脉压幅值大,且量级上相差也不大。

表 3-10　戽池底板原型、模型测点脉动压力均方根值 $\bar\sigma$ 比较　　　　(单位:kPa)

位置		戽坎顶		池底后部		池底	
测点号		原型 2#	模型 16#	原型 3#	模型 13#	原型 7#	模型 11#
桩号		0+142.67	0+142.68	0+115.25	0+114.52	0+090.23	0+087.91
高程(m)		156.86	157	147.54	147.5	147.75	147.5
工况 I	半整体模型 $H_上=223$ m	8.4	16.0	7.6	13.1	23.6	33.1
工况 II	$H_下=178.8$ m	10.1		12.5		—	

观测还表明,宽尾墩戽式消力池的时均动水压力比常规平尾墩戽池的大,脉动压力与时均动水压力的分布为戽池首部大,并向下游沿程较快衰减。原型、模型动水压力和脉动

压力的量级与分布彼此相吻合。这些都表明宽尾墩戽式消力池联合消能工的应用有利于提高戽池底板的抗浮稳定能力。

3.4.5 戽式消力池右边墙时均动水压力

在泄洪工况 Ⅰ 及工况 Ⅱ 条件下,测得了位于 1# 孔右边墙上的 11# 测点(右边墙尾坎处,桩号 0+141.44,高程 158.37 m),12# 测点(右边墙底板末端,桩号 0+112.04,高程 148.68 m)和 14# 测点(右边墙底板首端,桩号 0+076.54,高程 148.11 m)12 组时均动水压力成果,其中 14# 测点的时均动水压力平均值分别为 335.1 kPa、324.7 kPa,12# 测点的时均动水压力平均值分别为 218.5 kPa、221.4 kPa,11# 测点的时均动水压力平均值分别为 99.3 kPa、101.7 kPa,由于边孔宽尾墩收缩射流水舌进入戽池首部后,在反弧段迅速向两侧坦化扩散,1# 孔的坦化扩散水流斜冲向右侧墙导墙,致使侧墙底部压力增大,但随着距离的增长,到尾坎部位的侧墙处压力已降低。

在工况 Ⅰ 及工况 Ⅱ 条件下,11#、12#、14# 测点的时均动水压力平均值与以前整体模型试验值(试验组次:库水位 219.9 m,下游水位 179.65 m,$Q = 17\ 500\ m^3/s$)相比较,详见表 3-11,由于上面已经提过,原型观测的库水位、下游水位、测点的桩号与高程同模型试验虽然有所区别,但原型与模型测点相应的时均动水压力值从量级上看还是比较合理的,并且动水压力分布的规律相同,即符合池首较大,逐渐向池尾变小过渡的分布规律。

表 3-11 右边墙原型测点时均动水压力(kPa)原型值与模型值比较

位置		戽坎处右导墙		右导墙		右导墙	
测点号		原型 11#	—	原型 12#	模型 170#	原型 14#	模型 164#
桩点		0+141.44	—	0+112.04	0+114	0+076.54	0+074.5
高程		158.37	—	148.68	147.5	148.11	147.5
工况 Ⅰ	整体模型 $Q = 17\ 500\ m^3/s$ $H_上 = 219.90\ m$	99.3	—	218.5	286	335.1	388
工况 Ⅱ	$H_下 = 179.65\ m$	101.7		221.4		324.7	

右边墙测点压力脉动的特性与底板上的一样,均为强烈紊动水流的压力脉动随机过程。戽池首部紊动更为强烈,对应右边墙内侧水流剧烈翻腾的状况,14# 测点的脉动压力均方根值的平均值达 $\bar\sigma = 37.0 \sim 37.4$ kPa,而戽池水平段末端相对应的 11# 测点的脉动压力均方根值的平均值仅为 $\bar\sigma = 7.9 \sim 8.9$ kPa。

戽池右边墙 11#、12#、14# 测点脉动压力均方根值的平均值 $\bar\sigma$ 与半整体模型脉动压力试验值(库水位 223 m,下游水位 178.8 m)相比较,见表 3-12,虽然原型与模型的工况有所不同,但脉动压力均呈现出池首大和池尾小的分布规律,且其数值十分接近。

表 3-12　戽池右边墙测点脉动压力 $\overline{\sigma}$(kPa)原型值和模型值比较

位置		尾坎处右边墙		戽池平段末右边墙		戽池首部右边墙	
测点号		原型 11#	模型 7#	原型 12#	模型 13#	原型 14#	模型 8#
桩点		0+141.44	0+143.39	0+112.04	0+114.52	0+076.54	0+074.9
高程（m）		158.37	161.1	148.68	147.5	148.11	150
工况 I	半整体模型 $H_\perp=223$ m	8.9	9.0	15.2	13.1	37.4	39.9
工况 II	$H_\intercal=178.8$ m	7.9		14.2		37.0	

3.4.6　戽式消力池内流速

在工况 I 及工况 II 情况下,测得了在 2# 表孔中心线上的 1# 测点(尾坎顶部处,桩号 0+142.58,测孔高程 158.18 m)、5# 测点(底板处,桩号 0+103.98,测孔高程 148.06 m)、6# 测点(底板处,桩号 0+090.16,测孔高程 148.06 m)的 23 组时均流速。在工况 I 及工况 II 时,6# 测点的时均流速平均值分别为 28.38 m/s、30.04 m/s,5# 测点的时均流速平均值分别为 13.51 m/s、12.22 m/s,尾坎顶上的 1# 测点的时均流速平均值分别为 13.84 m/s、12.91 m/s。可见,戽池首部的底流速比它下游的底流速大,这种分布符合宽尾墩三元水跃流速分布的特征,即沿闸孔中心线的戽池底部主流流速较大,特别是反弧末端以后的戽池底板首部的底流速最大,以后由于紊动剪切消能的缘故,底流速具有向下游沿程迅速减小的分布规律。原型实测底流速分布自戽池首部向尾坎迅速减小,在较短的池长范围内,底流速从首部的 28.38~30.04 m/s 降至 12.22~13.51 m/s,说明宽尾墩戽式消力池三元水跃具有很高的消能率。

1#、5#、6# 测点时均底流速与水工整体模型试验中千年一遇洪水:$Q=17\,500$ m³/s,库水位 219.9 m,下游水位 179.65 m(下 800 m 处)情况下所测相应位置底流速对比,详见表 3-13。

表 3-13　岩滩表孔宽尾墩戽池 2# 孔中心线原型测点时均流速(m/s)与模型值比较

位置		尾坎边墙		池底			
测点号		原型 1#	模型	原型 5#	模型	原型 6#	模型(反弧)
桩点		0+142.58	0+144	0+103.98	0+095.00	0+090.16	0+069
高程（m）		158.03	157.5	147.91	148.0	147.91	148.1
工况 I	半整体模型 $Q=17\,500$ m³/s	13.84	9.4 (2#孔中)	13.51	19.91 (2#孔中)	28.38	29.39
工况 II	$H_\perp=219.9$ m $H_\intercal=179.65$ m	12.91	12.05 (5#孔中)	12.22	17.44 (5#孔中)	30.04	

宽尾墩戽式消力池的消能率较高,而且符合宽尾墩三元水跃底流速的分布特征。原型底流速和尾坎边墙处流速与模型试验基本吻合。

3.4.7 宽尾墩墩体流激振动观测

岩滩表孔首次采用宽尾墩戽式消力池联合消能工,在研究过程中,曾经对宽尾墩形成的收缩射流是否会引起坝体和闸墩的流激振动进行了研究。因此,本次观测特别安排了相应的观测项目。

宽尾墩墩体在泄洪时流激振动的观测,是在 4# 表孔左侧宽尾墩墩体顶部进行的,该闸墩在 16# 坝段上,1#、2#、3# 传感器为水平向速度计,测量闸墩沿坝轴线方向(侧向)的水平向速度,4#、5#、6# 传感器为垂直向速度计,测量闸墩铅垂方向的速度。1# 与 4# 为一组,放置在距墩尾 2.3 m 处的观测室的地面上;2# 与 4# 为一组,放置在离墩尾 19.3 m 处的墩顶上;3# 与 6# 为一组,放置在离墩尾 34.9 m 处的墩顶部的闸墩首部。

闸墩振动位移的测量,使用哈尔滨工程力学研究所生产的 891 型速度计,它分水平向和垂直向两种;振动速度电信号经积分放大器后以位移信号输出,由微机和东方 INV303/306 多功能采集处理系统进行采集、记录与处理。

本次原型观测前的 6 月 6 日,各孔闸门关闭,在上游库水位 219.44～219.60 m 情况下,量测了宽尾墩墩体在不泄洪时的振动位移。7 月 5 日泄洪工况 I,测得 6 组闸墩振动位移;7 月 6 日泄洪工况 II 测得 14 组闸墩振动位移。

在不泄洪情况下,溢流坝受到电厂坝段水轮发电机机组运行、进水与尾水管内水流的流激振动和厂房振动等影响,致使闸墩顶部产生轻微振动,其中水平侧向(坝轴线方向)最大振动位移在墩尾顶部,其均方根值为 14.1 μm,而垂直向最大振动位移在墩顶中间及头部,均方根值为 13.0 μm 左右。

在泄洪工况 I 情况下,墩尾水平侧向(1# 测点)振动位移均方根平均值为 174.3 μm,墩尾垂直向(4# 测点)振动位移均方根平均值为 24.9 μm,墩顶中部水平侧向(2# 测点)振动位移均方根值平均值 96.8 μm,墩顶中部垂直向(5# 测点)振动位移均方根值平均值 161 μm,墩头水平侧向(3# 测点)振动位移均方根值平均值 89.3 μm,墩头垂直向(6# 测点)振动位移均方根平均值 15.2 μm,6 组数据中第 5 组相对为最大振动量组,其振动位移均方根值依次为墩尾水平侧向 196.4 μm(1# 测点)及垂直向 25.8 μm(4# 测点),墩顶中间水平侧向 103.4 μm(2# 测点)及垂直向 16.3 μm(5# 测点),墩头水平侧向 92.8 μm(3# 测点)及垂直向 15.2 μm(6# 测点)。

在泄洪工况 II 情况下,14 组振动位移数据平均值和最大位移的数据均略小于工况 I 所测数值。

原观成果表明,宽尾墩部位(墩尾)的水平侧向振动最大,墩头最小,而且比溢流坝不泄洪时振动显著增大,因此可以认为闸墩的振动主要是由泄洪时宽尾墩约束水流产生激励所引起的。

闸墩振动位移值与闸墩水弹性振动模型试验值相比较,结果见表 3-14,模型试验是在正常蓄水位 223 m、闸门全开的情况下进行的,墩顶尾端试验水平向振位移均方根值为 314 μm,墩顶中部水平向振动位移均方根值为 287 μm 及 382 μm,均较原型为大,因为原型闸墩顶上建有启闭机房及启闭设备、桥面板及路面、检修门启闭设备等,表孔还有工作弧门等多种结构连系约束,增加了闸墩的刚度,而模型试验仅取一个孤立闸墩,相当于是在顶端无约束的悬臂梁的情况下进行全水弹性振动试验的,因而模型值大于原型值是合理的。这就说明模型试验偏于安全。

表 3-14　岩滩表孔宽尾墩原型闸墩振动位移值与模型试验值比较

部位		闸墩尾部			闸墩顶中间			墩顶头部		
测点号		1#	4#	M_2^*	2#	5#	M_5^*	M_6^*	3#	6#
方向		水平	垂直	水平	水平	垂直	水平	水平	水平	垂直
至尾端距离(m)		2.3	2.3	0	19.3	19.3	13.2	23.8	34.9	34.9
不泄洪		14.08	3.52	—	6.85	13.30	—	—	5.48	12.57
工况 I	$\bar{\sigma}(\mu m)$	174.29	24.85	314	96.83	16.14	287	382	89.31	15.17
	$\bar{\sigma}_{max}(\mu m)$	196.41	25.79		103.39	16.27			92.75	15.93
工况 II	$\bar{\sigma}(\mu m)$	158.45	22.63		74.73	15.28			61.73	14.01
	$\bar{\sigma}_{max}(\mu m)$	183.75	23.48		78.36	16.03			58.85	15.25

注: * M_2、M_5、M_6 为模型试验测点,其试验为全水弹性模拟试验,库水位为 223 m,下游水位 178.8 m,闸门全开泄流,闸墩顶端无约束,呈悬臂梁状态。

原型观测表明,宽尾墩收缩边壁激起的冲击波交汇点在闸墩以外的空中,因此宽尾墩墩体的流激振动,主要由急流紊流边界层内的压力脉动作用在闸墩边壁上,以及墩面上冲击波不稳定激励所引起的,压力脉动的频谱呈指数衰减特征,主频率与闸墩的基频相差较多,不会引发共振与闸墩的有害振动。本次原型观测实测墩顶最大振动位移均方根值196.4 μm(墩尾,水平侧向),根据有关资料(参考文献[22]),泄水建筑物流激振动的允许振幅(随机振动为振幅均方根值)为 10^{-5} 层高。对于岩滩表孔闸墩,其允许振幅可定为550 μm。因此,上述量测成果说明,岩滩宽尾墩的流激振动位移在允许振幅的范围之内。此外,泄洪观测时,在闸墩顶尾部观测房内的工作人员,除听到窗户有些响声外,没有其他的异常振动感觉。由此可见,振动量级仍属轻微振动。

综合上述观测成果,可以认为泄洪时的闸墩振动属于轻微的振动,不会影响闸墩结构的安全。

3.4.8　泄洪雾化观测

岩滩水电站位于河床右岸,溢流坝和水电站厂房区相邻,中间设有一道厂坝隔墙,泄洪时,宽尾墩戽式消力池内水流掺混强烈,消能效果良好,同时存在泄洪雾化现象。由于有人担心泄洪雾化有可能影响发电,因此第一次对像岩滩这样规模的大型宽尾墩戽式消力工程进行泄洪雾化观测具有重要意义。

表孔泄洪雾化观测于 1996 年 7 月 7 日进行,原型观测时当地天气晴朗,气温 30 ℃,并且不存在强烈的自然风影响。表孔泄洪雾化观测主要包括两方面内容:降雨强度和影响范围。观测重点放在右岸厂房区域,此前进行的泄洪雾化的模型试验和 1996 年以前原型的雾化现象都表明:岩滩水电站表孔泄洪雾化的降水量均较小。因此,本次泄洪雾化原型观测采用"滴谱法"进行雾化雨强和影响范围的测量。

观测表明,表孔在泄洪时产生的雾化雨和激溅雨,受水流本身的紊动、下游河谷风向与风力的影响,多在右岸厂坝隔墙顶附近扩散降落,尤其在厂坝隔墙顶与坝后高程 217.2 m 交通桥交汇处,有阵发性的激溅雨,雨量较大,但持续时间短、范围小,其他部位为局部小激溅雨和雾化雨,雨量都较小。本次观测各部测点最大雨强:厂坝隔墙顶为 87 mm/h;开关站 0.64 mm/h;高程 217.2 m 交通桥面 3.21 mm/h,主厂房顶 0.01 mm/h。另据历年来宣泄最大洪水流量 15 000 m³/s 左右时的现场观察,于开关站主变压器所在部位,泄洪雾化降雨不会形成地面径流及积水,主厂区房顶与设备表面无泥雾污染。因此可以说,在宣泄常年洪水时产生的雾化雨不大,对周围建筑物及设备均无危害性影响。

从本次泄洪雾化原型观测成果来看,岩滩表孔泄洪雾化的雨雾源,主要来自宽尾墩水舌入水后在消力池内消能引起的剧烈裂散、紊动和喷溅,受厂坝隔墙的阻挡,右岸厂房及开关站区域内的雾化降雨主要是雾流产生的降雨,受水流本身的紊动和坝后风速场的影响较大,雾流降雨表现为阵发性和随机性的特征,雾化雨量小,影响范围有限。原型观测到,岩滩表孔泄洪时,表孔厂坝隔墙从高程 191.0 m 到高程 208.5 m 宽度 2.0 m 范围内地面是潮湿的,高程 208.5 m 的隔墙段地面存在积水,隔墙扶手栏杆上形成滴水,由隔墙通向 217.2 m 平台交通桥的旋梯台阶面上形成一层薄薄的水体。当在旋梯附近遇上阵发性的雾流降雨高峰时,雨点会将衣服淋湿,但每次阵雨持续时间一般不会超过 1 min。

3.4.9　结语

这次观测是在汛限水位 219 m 左右进行的,由于条件的限制,未能进行设计水位 223 m 的观测试验,但是,由于有相应的模型试验成果的反馈比较,因而更高水位的模型试验成果应该是可信的。上述原型观测成果对我国首创的宽尾墩和庠式消力池联合运用的新型消能工的优良的水力特性和消能效果做出了肯定的回答,证实了这种新型消能工的设计是合理的,科学试验成果是可靠的,工程质量是优良的,经济和社会效益是高的。通过本次原型观测,确立了岩滩首创的宽尾墩庠式消力池在水利水电工程中的示范作用,它必将促进这一新技术在工程中的推广和应用,从而为解决高坝大单宽流量、低弗劳德数的泄洪消能难题提供了新的出路和模式。

第4章　宽尾墩—底(中)孔(挑流)—消力池联合消能工

4.1　工程背景

4.1.1　安康水电站表孔宽尾墩—底孔—消力池联合消能工

宽尾墩—底孔—消力池联合消能工最早是在1984年对安康水电站泄洪消能问题的研究中提出来的("八·四"方案)。

早在安康水电站泄洪消能问题的研究中,提出了一种新型联合消能工:宽尾墩—底孔—消力池联合消能工。其基本原理是利用宽尾墩后面的无水区所提供的新的溢流前沿来作为一个坝身泄洪底孔的出口,底孔通过坝身其轴线和闸墩轴线重合,底孔水流以挑流方式进入底流消力池并和水跃联合消能,形成表孔、底(中)孔泄洪的重叠式布置,以及表孔、底(中)孔共用一个消力池,具有增加溢流前沿、枢纽布置紧凑、运行方便等显著优点。

在常规的平尾墩条件下,出闸孔下泄的水流呈扁平状,溢流水舌占据着整个溢流坝面;而在宽尾墩条件下,由于闸孔在墩尾被缩窄,水舌出宽尾墩之后沿纵向和竖向扩展而成一股窄而高的三元收缩射流沿坝面下泄,此时水舌底部占据的溢流坝面范围已经很窄,使闸墩后的坝面出现大片无水区。这个无水区随着宽尾墩收缩率 ε 的减小而增大,当闸孔收缩比 ε 达到0.4或更小时,墩后的无水区范围能够增大到与原表孔溢流面的宽度相接近。这一无水区实际上意味着枢纽溢流前沿(溢流前沿指泄水建筑物占据坝轴线的有效总长度)的增大,亦即它使布置新的泄水建筑物成为可能。这片新形成的溢流前沿对于一些高水头、大流量而河谷狭窄的水利枢纽是十分宝贵的。这些枢纽由于某些特定的水文、地形或地质等条件,往往出现泄洪建筑物的溢流前沿挤占坝轴线问题,并使两岸开挖量增大。为了尽量缩短坝轴线,减小两岸开挖,不得不尽量缩短溢流前沿而加大单宽流量,从而形成所谓的"大单宽流量、低弗劳德数"的泄洪消能难题。在我国坝工建设史上,这类问题经常发生,如安康[最大入池单宽流量达209 $m^3/(s \cdot m)$]、岩滩[最大入池单宽流量达241 $m^3/(s \cdot m)$]、五强溪[最大入池单宽达247 $m^3/(s \cdot m)$]和景洪[最大入池单宽流量达336 $m^3/(s \cdot m)$]等大单宽流量的消能工。如果消能工下游的地质条件不利,单宽流量不可能再进一步增大,而进一步增长坝轴线又会增大工程量和带来高边坡等工程技术问题,因而形成长期难以解决的高坝泄洪消能难题。宽尾墩技术的出现,为解决上述"大单宽流量、低弗劳德数"的消能防冲和泄洪建筑物溢流前沿挤占坝轴线等泄洪消能难题提供了新的有效途径。

宽尾墩后原溢流坝面的无水区的开发利用,是把该处辟为一个通过坝身的泄洪底孔(或中孔)的出口,坝身泄洪底孔(或中孔)的轴线和闸墩的轴线重合,这样就为在坝身设置足够大的泄洪底孔(或中孔)提供条件,底(中)孔的水流以挑流方式挑射入消力池,这就是所谓的宽尾墩—底(中)孔水力系统。它是宽尾墩技术的新发展;它也是形成宽尾墩—底(中)孔(挑流)—消力池联合消能工的必要条件。这种泄洪消能方式形成表孔、底(中)孔泄洪的重叠式布置,以及表孔、底(中)孔共用一个消力池,具有枢纽布置紧凑,运行方便,不需另做消能工等优点,而且根据附加动量水跃理论,在适当选择底孔挑流的落点及入射角度之后,可以在增大消力池的单宽流量的条件下进一步改善其消能,因而是一种高效、可靠的新型消能工。图 4-1 是宽尾墩—底(中)孔—消力池联合消能工示意图。

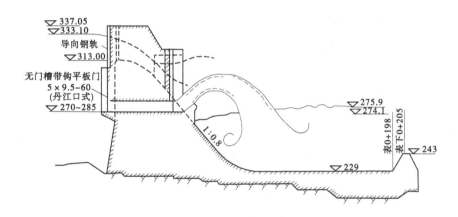

图 4-1　安康水电站的宽尾墩—底孔—消力池联合消能工示意图

宽尾墩—底孔水力系统的工程布置应遵循如下几个要点:

(1)底孔的位置与大小,由于底孔的轴线和闸墩的轴线重合,并且由坝体内通过,其高度和宽度不受闸墩的限制。

(2)底孔的工作闸门可根据条件,设置在进口(明流)或出口,工作闸门可以采用平面闸门或弧形闸门。

(3)无论工作门是采用平面闸门或弧形闸门,都需要设置事故检修门或检修门,在孔口宽度大于闸墩宽度时,可采用如图 4-1 和图 4-2 所示的三种方式解决。

(4)对于出口挑流鼻坎的设计,应使水流以较大挑角挑出,以便水舌尽可能以较大角度落入水跃前部,并可采用扩散的翼墙。

宽尾墩—底(中)孔—消力池联合消能工首次应用于安康水电站表孔底流消力池("八·四"方案),并在安康 1:125 的整体水工模型中进行试验验证。试验的目的是在保持表孔消力池上、下游水力条件一致的条件下,比较单独 5 表孔泄洪和 5 表孔加 4 个新增底孔泄洪时消力池内水跃的形态及下游消能冲刷情况的变化,从而验证底孔附加射流注入表孔消力池后的消能效果。

在坝身沿 5 表孔的 4 个闸墩的轴线布置底孔,进口高程 280 m,孔口尺寸 5 m×8 m(宽×高),其出口位于两个宽尾墩之间无水区,出口设平板闸门(也可设弧形门)。进行了设计水位和校核水位条件下"5 表孔加新增 4 底孔"的试验,前者表孔(Q_b)与底孔(Q_d)的流量比为 $Q_d/Q_b=0.286$。试验结果表明:

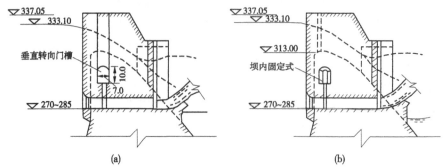

图 4-2　宽尾墩—底孔—消力池联合消能工进口事故检修闸门布置示意图

（1）流态：从单独 5 表孔和 5 表孔加 4 底孔两种方式的泄流流态来看，后者由于附加射流入池，在水舌上游的水跃头部，紊动加剧，而水舌下游，池内水面膨胀（1~2 m），掺气增剧；表孔消力池附加的 4 深孔的流量，虽然使消力池中的单宽流量增加了，但池内水跃更加稳定。

（2）下游冲刷：从冲刷最深点来看，在设计水位时单独 5 表孔（高程 236.5 m）比 5 表孔加新增 4 底孔（高程 234.8 m）略浅，而在校核水位时，单独 5 表孔（高程 229.3 m）则较深（高程 230.8 m）。

以上试验成果表明：在上、下游一致的条件下，宽尾墩—底（中）孔（挑流）—消力池联合消能工的水跃形态正常，狭义的冲刷不但没有恶化，在某些情况下还略有改善。这就验证了宽尾墩—底孔—消力池联合消能工在技术上的可行性。

此外，还进行了用宽尾墩—底孔—消力池联合消能工取代两条岸边溢洪道的试验。安康水电站由于坝址河谷狭窄，洪峰流量大，原布置在左岸设置了两条岸边溢洪道以宣泄洪水，工程量大，而且对下游消能防冲不利，如果采用宽尾墩—底孔—消力池联合消能工，可用新增的 4 底孔以取代 2 条岸边溢洪道，既可以节约大量工程量和投资，又可以进一步改善消能。试验时溢流坝段除原来的 5 表孔外，还增加了原设计的河床 3 中孔形成完整的泄洪消能方案（"八·四"方案）。试验结果表明：在宣泄各级洪水时，宽尾墩—底孔—消力池联合消能工加河床 3 中孔联合泄洪，其下游冲刷甚浅，特别是对冲刷最敏感部位——邓家沟口，几乎未见冲刷（铺沙高程 240 m）；而平尾墩 5 表孔加河床 3 中孔加两岸边中孔溢洪道联合泄洪时，在邓家沟口造成严重冲刷（冲刷坑底高程 224.3 m）。由此可见，把岸边 2 中孔溢洪道的洪水改为由 4 底孔以挑流方式注入表孔消力池水跃，并按照"附加动量水跃"理论所阐明的机制进行消能的机制工作，必然导致下游冲刷的改善。

安康泄洪消能"八·四"方案——宽尾墩—底孔—消力池联合消能工的研究成果，由于坝体的设计和施工已成定局，岸边中孔溢洪道已经开挖，最终未能在实际工程中采用，只是参照"附加动量水跃"原理，将表孔溢洪道右侧的泄洪排沙底孔的挑流水舌由原来注入下游河床改为注入消力池（"八·五"方案）。

然而，通过对安康水电站的研究，提出了将宽尾墩形成的、原闸墩后面的大片无水区作为"新的溢流前沿"，将这片无水区辟为一个坝身泄洪底（中）孔的出口，底孔的轴线和闸墩的轴线重合，新增底孔与宽尾墩构成宽尾墩—底孔水力系统；进而将宽尾墩—底孔水力系统应用于底流消力池,形成宽尾墩—底孔(挑流)—消力池联合消能工,这种新型消能工形成表孔、底孔的重叠式布置和表孔、底孔共用一个消力池进行联合消能,阐明这种新型消能工以附加动量水跃原理工作的消能机制,指出适当控制底孔挑流进入水跃的位置和入射角,可以达到在加大消力池的单宽流量的条件下增进消能效果;并通过安康的水工模型试验加以证实。这是对宽尾墩技术的发展和创新,并为后续的五强溪、百色等工程采用宽尾墩—底(中)孔—消力池联合消能工提供了技术储备。

4.1.2 五强溪水电站的宽尾墩—底孔(挑流)—消力池联合消能工

五强溪水电站位于湖南省沅陵境内的沅水下游,为沅水干流最后第二个梯级,是一座以发电为主,兼有防洪、航运效益的综合利用工程。电站总装机 1 200 MW(5×240 MW),保证出力 255 MW。

坝址控制流域面积 83 800 km²,年平均流量 2 050 m³/s,百年一遇洪峰流量 45 600 m³/s,千年一遇洪峰流量 57 700 m³/s,万年一遇洪峰流量 67 300 m³/s。五强溪水电站正常挡水位 105.0 m,相应库容 29.9 亿 m³,最高洪水位 114.66 m,相应库容 43.2 亿 m³。

五强溪水电站枢纽主要建筑物由河床左侧溢流坝、右岸坝后式厂房和左岸船闸组成。拦河坝为实体重力坝,坝顶长度 724.0 m,最大坝高 84.5 m。在主河床部分的右侧布置有表孔的溢流坝段和中孔泄水坝段,左侧布置有表孔、底孔坝段,它们组成了枢纽的主要泄水建筑物。在初步设计时,溢流坝段总长约 270 m,设有 10 个 19 m×21.5 m 的溢流表孔。10 个溢流表孔为泄洪中孔分隔成右 3 孔(1#~3#)和左 6 孔(4#~10#),可单独运行。

在五强溪水电站特定的水文、地质和工程条件下,其泄洪消能问题有如下特点:

(1)五强溪坝址洪水峰高量大,水库总库容仅 43.2 亿 m³,对洪水的调蓄能力有限,因而调洪后下泄流量依然较大。在校核洪水情况下,下泄流量达 57 900 m³/s;在设计洪水情况下,下泄流量达 49 566 m³/s。相应泄洪功率达 16 000~20 000 MW,在当时仅次于葛洲坝水利枢纽。

(2)坝址河床地质构造较为复杂,岩盘抗冲能力较差,下游地基抗冲流速仅 5~6 m/s,给下游抗冲防护工程带来较大困难。

(3)枢纽布置为拦河坝呈一列式布置,主体建筑物规模庞大,河床显得狭窄,由于泄洪建筑物占据了河床的大部,以容纳枢纽的其他建筑物。左岸船闸只能依靠开挖左岸山坡布置,厂房深切右岸山头。因此,泄洪建筑物溢流前缘的长短对枢纽工程量影响很大。据计算,溢流前缘长度减少 10 m,枢纽开挖相应减少 30 余万 m³,不仅影响投资也影响工期。

(4)泄洪时,水库上下游水位差仅 30~40 m,属中水头、大单宽、低弗劳德数的泄洪消能问题。经多次、反复试验研究,初步设计确定采用底流消能方案,消力池底板高程 42.0 m,池长 145 m,池尾雷伯克齿坎后海漫长度 100 m。由于底流消能工工程规模庞大,给施工和导流工程带来较大的难度。

五强溪枢纽消能水力指标见表 4-1。根据上述特性,五强溪泄洪建筑物的设计有如下特点:

表 4-1 五强溪枢纽消能水力指标

		洪峰流量(m³/s)	67 300	55 900	44 000
		过坝流量(m³/s)	56 600	49 443	40 259
		电站流量(m³/s)	0	2 500	2 500
		库水位(m)	114.70	111.62	108.47
		下游水位(m)	78.77	76.25	73.80
		上、下游水位差(m)	35.93	35.37	34.67
		洪水频率(%)	0.01(大坝校核)	0.1(大坝设计)	1.0(消能设计)
溢洪道流量 (m³/s)	表孔流量	左表孔	34 000	27 800	21 813
		右表孔	17 000	13 900	10 907
	表孔流量		3 025	2 800	2 765
	底孔/左表孔流量比率(%)		8.9	10.0	13.0
	中孔流量		2 575	2 443	2 274
	总泄量		56 600	46 943	37 759
单宽流量 [m³/(s·m)]	堰顶		298	243.8	191.4
	左消力池(表+底)		258.5	213.7	170.2
	右消力池		250.0	204.4	160.4
泄洪功率 (MW)	总泄洪功率		18 840	14 910	11 680
	左消力池		13 040	10 260	5 100
	右消力池		5 800	4 650	3 580

首先,为了减少枢纽工程量、节约投资、缩短工期,尽量采用了较大的单宽流量以缩短溢流前沿,减少两岸山坡的开挖工程量,设计过坝最大单宽流量约为 298 m³/(s·m),相应单宽泄洪功率为 9 万 kW/m。

在五强溪溢流坝特定的狭窄河床、大单宽流量、低弗劳德数水力条件下,采用常规消力池方案,虽然整个消力池的工程规模十分庞大,但并未能充分发挥出底流消能的优势,因而不是一个理想的方案,为此迫切需要进一步寻求底流消能的新形式,采用新的技术措施,以求得在大单宽流量、低弗劳德数底流消能的技术上有新的突破,并使五强溪工程的泄洪消能问题获得妥善的解决。

如上所述,五强溪工程溢流坝的泄洪量和单宽流量均较大,消能防冲问题解决的好坏,是一个关系到工程安危和经济效益的重大工程技术问题。通过精心研究和设计,最终确定的、新的泄洪消能方案为:泄洪建筑物由表孔、中孔和底孔组成宽尾墩—底孔—消力池联合消能工。溢流坝段总长约244.5 m(包括中孔),设有 9 个 19 m×21.5 m 的溢流表孔,1 个 9 m×13 m 的泄洪中孔和 5 个 3.5 m×7.0 m 的泄洪底孔。9 个溢流表孔为泄洪中孔分隔成右 3 孔(1#~3#)和左 6 孔(4#~9#),可单独运行。右侧 1#~3# 溢流表孔组成宽尾墩—消力池联合消能工,形成右消力池。左侧 4#~9# 溢流表孔和 5 个泄洪底孔组成宽尾墩—底孔(挑流)—消力池联合消能工,并共用左消力池,参见图 4-3。

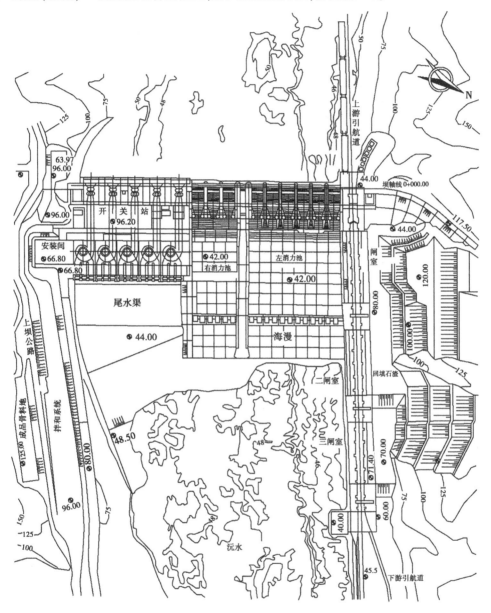

图 4-3　五强溪宽尾墩—底孔(挑流)—消力池联合消能工枢纽布置

溢流表孔堰顶高程 87.8 m,闸墩厚 5.0 m,在溢流堰顶下游 0+020.8 处开始扩宽,至闸墩尾部 0+040.8 处扩宽为 17.0 m,形成宽尾墩。宽尾墩的闸孔出口由原来的 19 m 缩窄为 7.0 m,收缩比为 $\varepsilon = 0.368$,扩散角为 16.7°,顶部被切去一角,使闸孔立面成 Y 形,故称为 Y 形宽尾墩。坝下游为长 120.0 m 的消力池,池底高程为 42.0 m,池后接雷泊克尾槛,槛高 7.0 m,槛后设 1:10 的反坡、长 50 m 的混凝土海漫(详见图 4-4)。

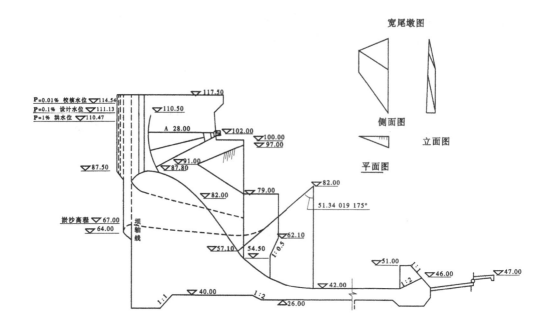

沿中心线纵剖面图

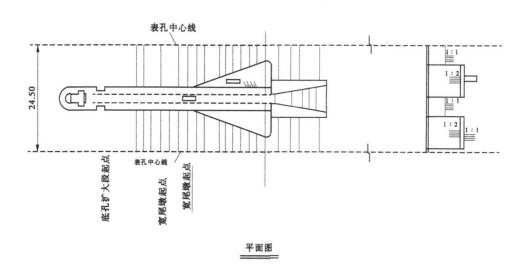

平面图

图 4-4 五强溪 4#~9#表孔宽尾墩—底孔(挑流)—消力池联合消能工

溢流坝为泄洪中孔(由导流期通航船闸改建)分隔为右 3 孔和左 6 孔,全部设宽尾墩。在左 6 孔的 5 个闸墩下,利用宽尾墩端部(0+040.8)处形成的宽度 17 m 的坝面无水区,沿宽尾墩中轴线在坝体内各布置一个泄洪底孔,形成了宽尾墩—底孔—消力池联合消能工。考虑到抢建缺口提前发电的原因,右侧 3 孔不设底孔。新增底孔进口高程 67.0 m,孔口尺寸为 2.5 m×16 m(宽×高),并设有相应尺寸的事故门,出口断面为 =3.5 m×7 m

(宽×高),用相同尺寸的弧形工作门控制,底板高程为 67.0 m,尾部是反弧半径 20 m、挑角 45°的反弧挑流鼻坎,鼻坎高程为 72.818 m。出口两边竖墙采用 10.642°扩散角,使新增底孔的水流以薄而近的形态注入水跃前部。枢纽总体布置图见图 4-3,枢纽的泄洪消能指标见表 4-1。

上述布置方案的最大优点是利用宽尾墩后的无水区来布置一个坝身泄洪底孔的出口,这就充分利用了原来为闸墩所占据的溢流前沿。在五强溪左侧溢流坝,利用新增 5 个底孔的泄流能力,可以取消一个溢流坝段,把原设计的坝轴线缩短了约 24 m,从而大大减少了两岸开挖和节约一个溢流表孔坝段的混凝土工程量。

由于五强溪表孔采用了新型联合消能工,带来了显著的经济效益和社会效益:

(1)采用新型联合消能工方案后,可减少溢流前沿长度 24 m,使左岸的船闸坝段可以下河 10 m,减少左岸山坡的触动,减少高边坡高度 20 m,有利于左岸高边坡稳定;右岸厂房可以左移 14 m,避免深挖掘,同时腾出右岸山坡以便布置上坝公路及进厂公路,使枢纽总体布置得到调整和改善。

(2)采用新型联合消能工将缩短坝轴线长度,减少缆机跨度;消力池长度大幅度缩短(缩短 50 m)后,使围堰工程量减少并可减少基坑抽水工作量,改善了施工条件。

(3)采用新型联合消能工调整和改善了枢纽总体布置,从而节约了工作量,与初步设计审查通过的经典底流消能的枢纽布置方案比较,减少开挖量 109 万 m³,其中消力池减少 13 万 m³,左岸开挖减少 36 万 m³,右岸开挖减少 60 万 m³,混凝土工程量减少 4 万 m³,经济效益十分显著。

(4)上述所有工程量的节省,不但可以节约投资,同时也意味着可以降低施工强度,缩短工期,从而为提前发电创造有利条件。

五强溪水电站坝址洪水峰高量大、河床狭窄,地质条件复杂,其泄洪消能问题是工程建设的主要技术难题之一。经过精心的研究与设计,最后确定在溢流坝表孔和泄洪消能工程中采用宽尾墩、底孔和消力池相结合的新型消能工,在国内是首创,在国外也是没有先例的。它的主要特点是:结构新颖和水力学原理明确。它在五强溪工程首次付诸工程实践,不但很好地解决了工程本身存在的大单宽、低弗劳德数的泄洪消能难题,而且为其他泄洪量大、河床又显得狭窄的水利水电工程采用底流消能工闯出一条新路,因而有其进一步推广应用的价值。

4.1.3 百色水利枢纽的宽尾墩—中孔(挑流)—戽式消力池联合消能工

百色水利枢纽位于广西右江上游河段,距广西百色市 22 km,是郁江综合开发利用计划中一座以防洪为主,结合航运发电,并兼有灌溉、供水等效益的大型综合利用的水利水电工程。水库正常蓄水位 228.37 m,总库容 56 亿 m³,电站装机容量 4×135 MW。五千年一遇校核洪水流量为 11 889 m³/s;设计洪水标准为五百年一遇,泄洪流量 10 480 m³/s;消能防冲设计洪水标准按百年一遇敞泄,洪水流量 9 440 m³/s 。

百色水利枢纽拦河大坝位于平圩坝址第一条辉绿岩带,带宽仅 135~140 m,坝体为全断面碾压混凝土重力坝,最大坝高 130 m,坝顶高程 234.0 m,坝顶总长 711 m。地下厂房布置在左坝肩,溢流坝布置在主河床左侧的 6#、7#和 8#坝段,总长 88 m。百色枢纽的泄洪建筑物由 4 个 14 m×18 m(宽×高)溢流表孔、3 个 4 m×6 m(宽×高)的泄洪放空中孔和电站组成,见图 4-5。

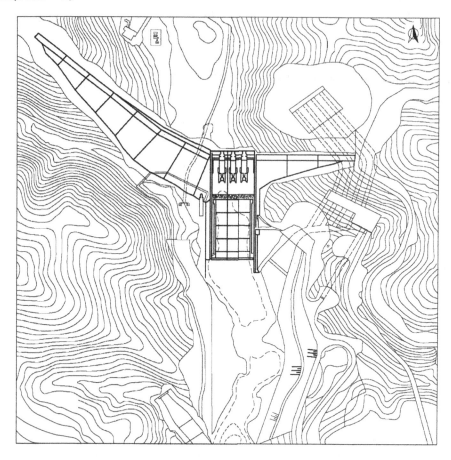

图 4-5　百色水利枢纽平面布置图

枢纽主要泄洪消能水力指标如表 4-2 所示。

表 4-2 中还列出了已建大型宽尾墩联合消能工——安康、岩滩和五强溪的水力指标(只列出设计洪水)。由表 4-2 中可以看出,百色枢纽在这些工程中是泄洪落差最大、尾水深度最浅、消力池单宽泄洪功率和消力池水垫塘单位面积泄洪功率最大的工程。这也是百色枢纽消能防冲设计的一个主要特点和难点。

百色水利枢纽的设计最终采用宽尾墩—中孔(挑流)—戽式消力池联合消能工,其技术依据是由于其特定的水文、地质和地形条件所确定的。百色水利枢纽拦河大坝位于平圩坝址第一条辉绿岩带,坝轴线沿辉绿岩带的走向用 4 段折线所组成,溢流坝采用底流消能,坝下消力池左侧紧邻电厂尾水渠出口,因而消能工和尾水渠长度二者相互制约。由于河道狭窄,为了保证泄洪和电站尾水出流顺畅和减少回流对电站尾水的影响,从下 0+300 处开始的第二条辉绿岩带,需开挖出一条菱形平台,底面高程 118 m,溢流坝反弧末端下游的消力池坐落在岩性软弱的硅质页岩和泥岩上,尾坎下游基岩的抗冲流速仅 4 m/s。此外,很难在溢流坝段两侧找到适当的位置以布置泄洪放空中孔。

表 4-2　百色枢纽表孔宽尾墩—中孔—庑式消力池联合消能工泄洪消能水力指标

洪水频率(%)	0.02 (校核)	0.2 (设计)	1.0 (消能设计)	<1 (一)(控泄)	<1 (二)(敞泄)	0.1 安康设计	0.1 岩滩设计	0.1 五强溪设计
洪水流量(m³/s)	18 700	15 200	10 300	—	—	—	—	—
过坝流量(m³/s)	11 880	10 480	9 440	3 000	3 000	14 010***	23 386***	29 846***
坝前水位(m)	231.27	229.63	228.34	228.0	214.0	333.1	227.37	111.13
下游水位(m)	135.63	134.60	133.77	126.55	126.55	274.6	190.03	76.25
上、下游水位落差(m)	95.64	95.03	94.57	101.45	87.45	58.5	37.34	34.88
发电引用流量(m³/s)	536	536	536	536	536	0	0	0
流量分配 表孔 泄洪流量(m³/s)	11 344	9 944	8 904	2 464	764	14 010	23 386	26 916
流量分配 表孔 所占比重(%)	100	100	100	100	31.0	100	100	90
流量分配 中孔 泄洪流量(m³/s)	0	0	0	0	1 700	0	0	2 930
流量分配 中孔 所占比重(%)	0	0	0	0	69.0	0	0	10
单宽流量[m³/(s·m)] 表孔 堰顶	202.6	177.6	159.0	44	13.6	186.8	260	236.1
单宽流量[m³/(s·m)] 表孔 入池	156.3	137.0	122.6	30.8	10.5	153.6	203	190.3
单宽流量[m³/(s·m)] 表孔、中孔 堰顶	202.6	177.6	159.0	44	13.6	186.8	260	236.1
单宽流量[m³/(s·m)] 表孔、中孔 入池	156.3	137.0	122.6	—	33.9	153.6	203	210.9
消力池底板以上水头(m)	126.27	124.63	123.34	123	109	104.1	79.87	69.13
尾水深度*(m)	30.63	29.6	28.77	21.55	21.55	45.6	42.53	34.25
落差/尾水深度	4.64	4.85	5.04	—	—	1.28	0.88	1.02
收缩断面水深**(m)	4.29	3.83	3.49	—	—	4.5	6.3	6.28
跃前弗劳德数 Fr_1	5.6	5.8	6.0	—	—	5.1	4.1	3.9
总泄洪功率(MW)	11 146	9 770	8 758	2 986	2 574	8 040	8 558	10 202
表孔、中孔总泄洪功率(MW)	10 643	9 270	8 261	2 452	2 114	8 040	8 558	10 202
消力池单宽泄洪功率(MW/m)	133.0	115.9	103.3	30.7	26.4	88.4	74.4	72.2
消力池水垫单位面积泄洪功率(MW/m²)	4.34	3.92	3.59	—	—	1.94	1.75	2.11

注：* 以消力池底板高程为准；** 流速系数按 $\psi=(q^{2/3}/E)^{0.2}$ 计算；*** 安康流量仅取表孔宽尾墩消力池、岩滩流量仅取 1#~6# 表孔宽尾墩庑式消力池、五强溪流量仅取左侧宽尾墩—底孔—消力池联合消能工计算。

在上述情况下,一种方案是将导流洞改建为泄洪放空洞。但此方案虽然施工干扰少,但工程量大,地质条件复杂,施工难度大,进水塔塔基存在不均匀沉陷和高边坡防护等问题。此外,还有流道长、反弧体型复杂、运行可靠性差等复杂的技术问题。

另外一种方案是参考五强溪水电站的经验,采用宽尾墩—中孔(挑流)—底式消力池联合消能工。首先,表孔底式消力池采用宽尾墩后,提高了消能率,同时利用宽尾墩后坝面的大片无水区形成的新的溢流前沿,作为泄洪放空底孔的出口,将泄洪放空中孔从溢流坝段两侧移入溢流坝段内,与表孔做重叠式布置,并共用原底式消力池进行消能,使表孔、中孔占据的溢流前沿仍保持 88 m 不变,另外,根据"附加动量水跃"原理,在适当选择中孔挑流水舌的入射角后,可增加原底式消力池的消能效果。经过多方案反复进行技术经济论证和广西大学及中国水利水电科学研究院进行水工模型试验进行体型优化,最终选定了宽尾墩—中孔(挑流)—底式消力池联合消能工。此方案枢纽布置紧凑,运行方便,不需另做消能工,解决了百色枢纽底式消力池消能防冲设计中的高落差、浅尾水、大单宽泄洪功率,以及缩短溢流前沿以改善枢纽布置等重大技术问题,缩短溢流前沿约 15 m,除减少两岸开挖外,还有利于左岸地下厂房及尾水渠的布置。

百色水利枢纽采用的宽尾墩—中孔(挑流)—底式消力池联合消能工由 4 个溢流表孔和 3 个泄洪放空底孔组成。溢流表孔孔口尺寸为 14 m×18 m(宽×高),每孔设弧形工作门一扇,溢流堰顶高程 210 m,中间闸墩厚 8 m,溢流前沿净宽 80 m,3 个泄洪放空底孔分别位于每个表孔之间的中墩下部,孔身通过坝体,其中心线和闸墩的中轴线重合,中孔进口底坎高程 167.50 m 出口位于宽尾墩的大片无水区,中孔出口尺寸 4 m×6 m(宽×高),并设置弧形工作门以控制流量,形成表孔、中孔重叠式布置,中孔水流经出口挑流鼻坎挑射入表孔消力池,与表孔共用一个底流消力池进行消能,形成宽尾墩—中孔(挑流)—消力池联合消能工(见图 4-6)。宽尾墩的结构形式采用 Y 形,闸孔收缩比 $\varepsilon = b_0/B_0 = 0.343$,$B_0$ 和 b_0 分别为收缩前和收缩后的闸孔净宽,相应的闸孔收缩率为 63.7%,闸孔收缩角 $\varphi = \tan^{-1}\dfrac{B_0 - b_0}{2L}$,$L = 12$ m 为收缩起点到闸墩尾部的距离,即 $\varphi = 20.973°$;两侧边孔采用不对称宽尾墩,闸孔收缩比 $\varepsilon = 0.343$,但左边墩的左、右侧宽尾墩墩体分别为宽 5.0 m 和 4.2 m 做不对称扩宽,右边孔反之。

百色宽尾墩—中孔(挑流)—底式消力池联合消能工的消力池,池长 117 m(反弧末端至尾坎前端),上部净宽 80 m,在高程 117 m 处,池边墙以 1:0.3 的坡度向下收缩,因而池底净宽为 72.8 m,池底高程 105 m,尾部设尾坎,坎顶高程 119 m(反弧末端至尾坎前端),上部净宽 80 m,在高程 117 m 处,池边墙以 1:0.3 的坡度向下收缩。为了研究消力池的消能效果和优化宽尾墩的布置和体型,在广西大学和中国水利水电科学研究院分别进行了 1:100 的整体水工模型和 1:60 的断面模型试验。

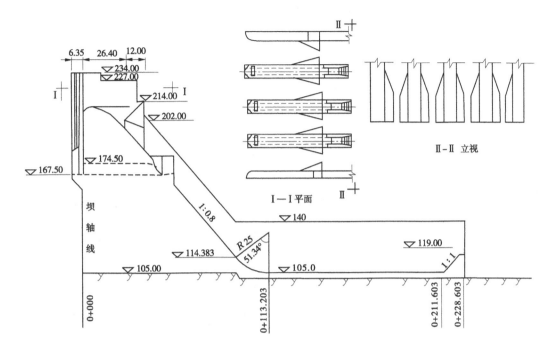

图4-6 百色宽尾墩—中孔(挑流)—扉式消力池联合消能工

4.2 宽尾墩—底(中)孔(挑流)—消力池联合消能工的试验研究

4.2.1 五强溪的宽尾墩—底(中)孔—消力池联合消能工的试验研究

为了使宽尾墩—底孔(挑流)—消力池联合消能工得以在五强溪这样的大型工程中实现,由中国水利水电科学研究院水力学研究所和中南水利水电勘测设计院进行了大量的试验研究。图4-7是五强溪左侧溢流坝宽尾墩—底孔—消力池联合消能工的断面水工模型试验(比尺 $L_r = 81.67$)的消力池内流动特征。试验条件为百年一遇洪水,库水位108.47 m,下游水位72.76 m,表孔单孔流量3 730 m³/s,底孔单孔流量562 m³/s,底孔泄量约占表孔泄量的15%。图4-8为整体水工模型试验。

试验成果表明:

(1)消力池内流态。从图4-7中可以看出,底孔挑流水舌在消力池的前部注入宽尾墩三元水跃的跃首部,立即与表孔三元水跃的紊动水流相互掺混,使底流水跃成为挑射水流的水垫,其漩涡更加破碎,紊动剪切作用大大增强和掺气更加充分。底孔挑流水舌进入消力池的消能过程,已经不像通常挑流水舌进入下游静水垫而沿程扩散的消能,而是进入一种具有强烈紊动的"动水垫"中进行紊动掺混消能,水舌核心区尚未到达池底板处已为表孔水跃的强烈漩涡所破碎,新型消能工消力池内水跃形态稳定,掺气剧增,池水面较常规消力池升高 4~5 m(和池内流速降低相对应),漩涡破碎,水面波动减弱。

图 4-7　五强溪左侧溢流坝宽尾墩—底孔—消力池联合消能工的断面水工
模型试验(比尺 $L_r = 81.67$)

图 4-8　五强溪左侧溢流坝宽尾墩—底孔—消力池联合消能工的整体水工
模型试验(比尺 $L_r = 100$)

(2)消力池内流速分布。从流速分布可以看出,由于入池水流的强烈掺混,紊动剪切增强,其动能得到有效的消耗,池底流速在消力池中部(0+140)处已降至 7 m/s(百年一遇洪水)和 11 m/s(千年一遇洪水)左右,较常规底流消力池有大幅减小;在护坦末端,底流速均小于容许流速值,过尾槛后断面流速迅速调整趋于均匀。在校核洪水和设计洪水时,表孔单独泄洪和表孔、底孔联合泄洪比较,消力池中表面流速大 1.6~3.0 m/s,底流速大 0.6~1.1 m/s。过尾坎后断面流速迅速调整趋于均匀,其底流速均小于不冲流速 6.0 m/s。

(3)由于宽尾墩消力池内的流速减小,水面升高,改善了消力池底板的压力分布。在消力池底板并没有发现所谓的"冲击区"的动水压力的升高。试验表明,表孔与底孔联合泄洪和表孔单独泄洪的压力线形状基本相似,无负压及压力异常现象,其消力池底板压力值与底板所承受的浮力比不大,但是比常规的消力池的压力要大得多,因而对底板的稳定非常有利。

(4)消力池底板水跃紊流压力脉动强度的试验成果表明,在各种特征水位下,表孔、底孔联合泄洪时,消力池底板的脉动压力强度系数比表孔单独泄洪时为小,这进一步说明底孔的附加流量的注入,不但没有增加跃长,而且由于剪切紊流和掺混得到增强,漩涡更为破碎,消能更为充分而脉动压力趋于减小。

(5)模型的冲刷试验表明:在新型消能工池长 120 m、护坦长 50 m、底板高程 42 m 条件下,在校核水位时,冲深为 3.45 m,表孔单独泄洪时,冲深为 3.26 m;设计洪水及百年一遇洪水时冲深均为零。对比原常规底流消力池方案,池长为 185 m,护坦长度为零,底板高程为 40 m,在校核水位时,冲深为 16.2 m,设计洪水及百年一遇洪水,冲深分别为 12 m 和 10.5 m,冲刷严重。

通过五强溪表孔的宽尾墩—底孔—消力池联合消能工进行一系列模型试验和设计,在水力学和工程上都充分肯定了这一新布置方案的可行性和合理性。试验表明,新型联合消能工的消能效果十分显著,池内水跃完整、漩涡破碎、掺气剧增,余能较小,下游冲刷减轻,完全达到预期效果,而且带来一系列对于工程有利的条件,缩短了溢流前沿,减少了工程量,节约了大量投资。

4.2.2　百色宽尾墩—中孔(挑流)—戽式消力池联合消能工的试验研究

为了研究百色宽尾墩—中孔(挑流)—戽式消力池联合消能工的消能效果和优化宽尾墩的布置和体型,在广西大学和中国水利水电科学研究院分别进行了 1:100 的整体水工模型和 1:60 的断面模型试验。

断面模型试验(见图 4-9)表明,中孔挑流水舌进入宽尾墩消力池内的三元水跃后,受到水跃的动水垫的作用,中孔挑流水舌为水跃跃头强烈的紊动和漩涡的扩散、掺混作用所淹没,图 4-10 为断面模型试验消力池内实测水面线,可见消力池中水流平稳,水深略有升高,消力池消能率大大提高。

从 1:100 的整体水工模型试验成果来看,各级流量下消力池内底流速沿程消减过程见表 4-3。从表 4-3 中数据可以看出,百色宽尾墩—中孔—戽式消力池联合消能工,消力

图 4-9　百色溢流坝宽尾墩—中孔—戽式消力池联合消能工的断面水工模型试验
（附加流量条件下的水跃形态,比尺 $L_r = 60$）

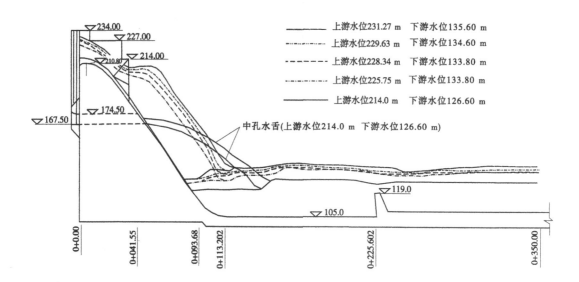

图 4-10　百色溢流坝宽尾墩—中孔—戽式消力池联合消能工的断面水工
模型试验水面线（比尺 $L_r = 60$）

池内,从反弧末端至桩号 0+210 的 100 余 m 的范围内,水流动能已得到有效的消杀,并使出池流速基本上降低到 4.0 m/s 以下。这就是说,对单宽泄洪功率高达 100 MW/m 以上的百色枢纽表(中)孔联合消能的消力池,仅用短短的 95 m 池长就达到了消能防冲的预定目标,说明宽尾墩—中孔—戽式消力池的三元水跃具有很高的消能率。

表 4-3　消力池内底流速值　　　　（单位：m/s）

泄洪工况		测流位置	测流断面桩号					
			0+150	0+170	0+190	0+210	0+225	0+234.6
$P=$ 0.02% （校核）	库水位：231.26 m 下游水位：135.60 m 流量：11 880 m³/s	右侧边墙	17.3	14.4	7.0	3.9	7.1	4.3
		池中心线	15.1	17.8	13.8	6.4	5.8	2.1
		左侧边墙	20.5	12.7	8.9	4.9	6.9	3.7
$P=$ 0.2% （设计）	库水位：231.26 m 下游水位：134.60 m 流量：10 480 m³/s	右侧边墙	16.4	13.9	8.1	4.1	5.6	4.1
		池中心线	17.2	16.4	11.1	5.9	8.7	2.1
		左侧边墙	21.0	13.5	7.7	2.9	7.4	3.4
$P=$ 1% （百年一遇）	库水位：231.26 m 下游水位：133.80 m 流量：9 440 m³/s	右侧边墙	14.1	7.8	7.1	3.4	5.0	3.0
		池中心线	19.7	17.3	7.0	4.1	7.5	2.3
		左侧边墙	23.3	15.8	4.1	3.0	8.0	3.3

4.3　消能机制及水力计算方法

4.3.1　二元附加动量水跃理论

宽尾墩—底(中)孔(挑流)—消力池联合消能工的主要思想是利用宽尾墩后的无水区来布置坝身泄洪底(中)孔(其轴线和闸墩中轴线重合)的出口,形成宽尾墩—底(中)孔水力系统;底(中)孔的水流以挑流方式注入宽尾墩消力池的三元水跃中进行联合消能。因此,当底孔关闭,其流动特征则和一般的宽尾墩消力池联合消能工相同,关键问题是当底孔打开,水流以挑流方式注入水跃后,是否会恶化原消力池的水跃消能?根据下面即将阐述的附加动量水跃理论,在水跃中注入射流,只要射流对水跃的入射角和单宽流量选择得当,底孔射流的注入不但不会引起水跃消能的恶化,而且还可以在入池单宽流量增加的条件下改善消能。

为了说明方便起见,以二元附加动量水跃为模式,对这种新型联合消能工的底(中)孔射流注入水跃的消能机制和水力条件进行分析。基本水力学模式如图 4-11 所示,在 Ⅰ—Ⅰ 和 Ⅱ—Ⅱ 两断面运用动量原理,则有：

$$(\rho q_1 v_1 + \rho q_2 u \cos\beta) + \gamma h_1 z_1 = \rho(q_1 + q_2)v_2 + \gamma h_2 z_2 \tag{4-1}$$

式中：ρ 为水的密度；γ 为水的容重；q_1 为水跃的单宽流量；q_2 为射流的单宽流量，$q_2 = \alpha q_1$；v_1 为宽尾墩射流断面平均流速；u 为底(中)孔射流断面平均流速；v_2 为 Ⅱ-Ⅱ 断面平均流速；h_1、h_2 分别为第一和第二共轭水深；z_1、z_2 分别为断面 Ⅰ 和断面 Ⅱ 重心的淹没深度，$z_1 = h_1/2$，$z_2 = h_2/2$；β 为射流和水平向交角。

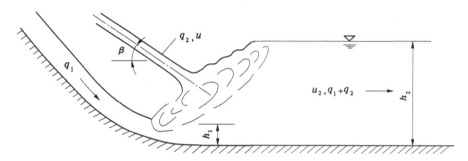

图 4-11　二元附加动量水跃的水力学模式

以 $v_1 = q_1/h_1$，$v_2 = (q_1+q_2)/h_2 = q_1(1+\alpha)/h_2$ 代入式(4-1)，得

$$q_1^2/gh_1 + h_1^2/2 = q_1^2(1+\alpha)^2/gh_2 - q_1^2\alpha^2\cos\beta/gb + h_2^2/2 \qquad (4\text{-}2\text{a})$$

式中：b 为射流入水宽度，$\alpha = q_2/q_1$。

将式(4-2a)改写成标准形式：

$$\left(\frac{h_2}{h_1}\right)^3 - \left(1 + 2Fr_1^2 + 2Fr_1^2\alpha^2\delta\cos\beta\right)\frac{h_2}{h_1} + 2Fr_1^2(1+\alpha)^2 = 0 \qquad (4\text{-}2\text{b})$$

式中，$Fr_1^2 = q_1^2/gh_1^3$，$\delta = h_1/b$。

由式(4-2b)可见：

(1)当射流未注入时，$q_2 = 0(\alpha = 0)$，即得到一般的二元水跃方程：

$$q_1^2/gh_1 + h_1^2/2 = q_2^2/gh_2 + h_2^2/2 \qquad (4\text{-}3\text{a})$$

$$\left(\frac{h_2}{h_1}\right)^3 - \left(1 + 2Fr_1^2\right)\frac{h_2}{h_1} + 2Fr_1^2 = 0 \qquad (4\text{-}3\text{b})$$

式(4-3b)即为一般的二元水跃方程，当第一共轭水深 h_1 一定时，可求得第二共轭水深 h_2^*：

$$h_2 = \frac{h_1}{2}\left(\sqrt{1 + 8Fr_1^2} - 1\right)$$

式中：Fr_1 为跃前第一共轭水深处弗劳德数。

(2)当射流与急流同向时，$\beta \leqslant \pi/2$，在式(4-2b)中，令

$$-2Fr_1^2\alpha^2\delta\cos\beta\frac{h_2}{h_1} + 2Fr_1^2\left(2\alpha + \alpha^2\right) = 0 \qquad (4\text{-}4)$$

显然，当

$$\beta_0 = \cos^{-1}\left[b(2+\alpha)/\alpha h_2\right] \qquad (4\text{-}5)$$

时，式(4-2b)与式(4-3b)完全一样，这意味着当注入射流的入射角为 β_0 时，则其第二共轭水深与未注入射流的第二共轭水深 h_2^* 相等。其时，跃后断面的流量已增加为 $q = q_1 + q_2 = q_1(1+\alpha)$，亦即 $\beta = \beta_0$ 时，单宽流量的增加并未改变原来的第二共轭水深。设 h_2^{**} 是式(4-2b)解出的第二共轭水深，则有：

$$\left.\begin{array}{ll} h_2^{**} > h_2^* & (\beta < \beta_0) \\ h_2^{**} = h_2^* & (\beta = \beta_0) \\ h_2^{**} < h_2^* & (\beta > \beta_0) \end{array}\right\} \qquad (4\text{-}6)$$

由式(4-6)可见,若使底孔射流的入水角 β 控制在

$$\pi/2 > \beta > \beta_0 \tag{4-7}$$

范围内工作,注入射流(由水跃上部注入)反而使第二共轭水深 h_2^{**} 比未注入时 h_2^* 为小。这就是说,在这种条件注入射流不仅不会恶化原水跃的消能效果,而且还有所改善。这一点为宽尾墩—底(中)孔—消力池联合消能工提供了重要的理论依据。

(3)当射流垂直($\beta = \pi/2, \cos\beta = 0$)注入水跃,这时射流的作用纯粹是一股附加流量,即式(4-4)变为

$$q_1^2/gh_1 + h_2^2/2 = q_1^2(1+\alpha)^2/gh_2 + h_2^2/2$$
$$(h_2/h_1)^3 - (1+2Fr_1^2)(h_2/h_1) + 2Fr_1^2(1+\alpha)^2 = 0 \tag{4-8}$$

由式(4-8)解得的第二共轭水深 h_2''' 是式(4-2b)的最小值,这就是说,以铅垂向的附加流量注入水跃,也能降低原水跃的第二共轭水深,增进消能效果。

(4) 将式(4-2b)改写为

$$\psi^3 - A\psi + B = 0 \tag{4-9a}$$
$$A = 1 + 2Fr_1^2\alpha^2\delta\cos\beta \tag{4-9b}$$
$$B = 2Fr_1^2(1+\alpha)^2 \tag{4-9c}$$

式(4-9a)是一个简化三次代数方程,它有三个根,由于其中的两个根必定是相应于急流和缓流水深的两个实根,而由于复根必成对出现,故式(4-9a)没有复根。式(4-9a)的三个实根可取如下形式:

$$\psi_n = 2\sqrt{(A/3)}\left[\cos(\alpha + 2n\pi)/3\right] \quad n = 0,1,2 \tag{4-10a}$$
$$\cos\alpha = -(B/2)/\sqrt{(A/3)^3} \tag{4-10b}$$

通过以上分析,我们着重说明两个问题:

(1)虽然由式(4-8)解得的第二共轭水深 h_2^{***} 是式(4-4)中的最小值。这就是说,前人对附加动量水跃理论作了分析,并提出由底部用管道引至第二共轭水深处注入射流,即所谓"逆流消能工"($\beta > \pi/2$),但这种消能工在工程上难以实现。我们则认为用附加动量降低第二共轭水深增进水跃消能只有从水跃顶部注入射流在工程上才是可行的,而且即使是 $\beta_0 < \beta < \pi/2$ 也能达到目的,因而用宽尾墩后的无水区作为底孔出口通道并设置挑流鼻坎进行挑流,为从水跃顶部注入射流($\beta_0 < \beta < \pi/2$)提供了条件。

(2)由水跃顶部注入射流,只要适当控制射流的入射角 β 使满足式(4-7)则可在增加消力池的单宽流量的条件下保持或增进原水跃的消能效果,降低第二共轭水深。这就是采用宽尾墩—底孔(挑流)—消力池联合消能工的水力学上的依据。

4.3.2　宽尾墩—底(中)孔(挑流)—消力池联合消能工的水力计算

前文已经用二元附加动量水跃理论说明了宽尾墩—底孔—消力池联合消能工的消能机制,下面将这一理论进一步发展到宽尾墩型三元水跃,并建立起其水力计算方法。

取一个宽尾墩—底(中)孔—消力池溢流闸室段进行分析,它包括一个宽尾墩表孔和两个半墩(各包含半个底孔)。水力计算的简图如图 4-12 所示。

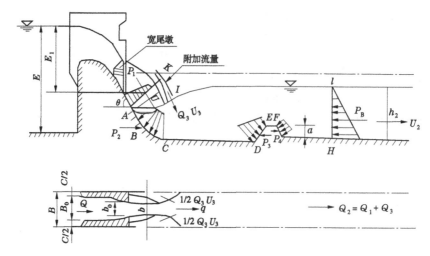

图 4-12 具有附加动量的宽尾墩消力池三元水跃水力计算简图

对图中 $ABCDEFGHIJK$ 应用动量原理,可以列出宽度为 $B = B_0 + C$(B_0 为表孔闸孔净宽、C 为闸墩厚度)的连续方程和沿水平向的动量方程如下:

$$Q_2 = Q_1 + Q_3 = Q_1(1 + \alpha) = Bh_2U_2 \quad (\alpha = Q_3/Q_1) \tag{4-11}$$

$$\left(\frac{\gamma}{g}Q_1U_1 + P_1\right)\cos\theta + \frac{\gamma}{g}Q_3U_3\cos\beta = \frac{\gamma}{g}Q_2U_2 + B\frac{\gamma}{2}h_2^2 - P_2 + P_3 - P_4 \tag{4-12}$$

式中:Q_1 为溢流坝一个闸孔的下泄流量;Q_3 为一个底(中)孔下泄流量。

采用上述第 2 章对宽尾墩—消力池联合消能工的一系列相同的水力分析,并经一系列推导,可得到带有附加动量的宽尾墩消力池三元水跃共轭水深比的完全三次代数方程:

$$\eta^3 + A\eta^2 + B\eta + C = 0 \tag{4-13}$$

式中:$A = -2\xi_2\varphi\sin\dfrac{\varphi}{2}\lambda_1 + 2\xi_3\sin\alpha_1 - 2\xi_4\lambda_3\sin\alpha_2$

$B = -2\left[Fr_1^2 + \dfrac{\xi_1}{k}\right]\cos\theta - 2Fr_3^2\cos\beta - 2\xi_2\varphi\sin\dfrac{\varphi}{2}\lambda_1(\lambda_2 - \lambda_3) + \xi_3\sin\alpha_1\lambda_2(\lambda_2 - \lambda_3) + \xi_4\sin\alpha_2\lambda_3^2$

$C = 2Fr_1^2$

各符号的意义如下:

η 为共轭水深比,$\eta = h_2/h_1$;$h_1 = kh_0$,h_0 为第一共轭水深处(AK 断面)的水舌高度;$k = b/B$,b 为 AK 断面的水舌宽度;$\lambda_1 = R/h_1$,$\lambda_2 = S/h_1$,$\lambda_3 = a/h_1$;R 为反弧半径;S 为尾槛上游面顶至池底高度;a 为尾槛下游面顶至下游河床底高度;φ 为反弧圆心角;θ 为坝面坡角;β 为附加流量射流入水角;α_1 为尾槛上游面与水平线夹角;α_2 为尾槛下游面与水平线夹角;$Fr_1^2 = q^2/gh_1^3$ 为当量二元水跃在 AK 断面处的当量的弗劳德数;$q = Q_1/B$ 为入池单宽流量;g 为重力加速度;$Fr_3^2 = Q_3U_3/gBh_1^2$ 为附加流量入水处弗劳德数;U_3 为附加流量入水处断面平均流速;ξ_1 为 AK 断面动水压力系数;ξ_2 为反弧面水平向动水压力系数;ξ_3 为尾槛上游面动水压力系数;ξ_4 为尾槛下游面动水压力系数。

对式(4-13),分别令 $\alpha = 0$($Q_3 = 0$)和 $\xi_3 = \xi_4 = 0$,或反之,可分别得到无或有附加动量、不带或带尾槛的宽尾墩消力池水力计算的 η 的完全三次方程。它和式(2-10)完全一样。

因此,宽尾墩消力池的水力计算式(2-10),是式(4-13)的一个特例($Q_3 = 0, Fr_3^2 = 0$)。

在第一共轭水深处的水舌高度 h_0 的计算公式仍如宽尾墩消力池的计算一样,即式(2-19)。

4.3.3　工程实例计算

百色水利枢纽采用宽尾墩—中孔(挑流)—戽式消力池联合消能工,枢纽的主要泄水建筑物为溢流坝的 4 表孔和 3 个泄洪放空中孔,溢流坝表孔孔口净宽 14 m,宽尾墩出口孔宽 4.80 m,闸孔收缩比 $\varepsilon = 0.343$,沿 3 个闸墩轴线布置 3 个泄洪放空中孔,孔口尺寸 4 m×7 m,出口在宽尾墩之间的坝面无水区。由表 4-2 中可以看出,在宣泄设计洪水及校核洪水时,中孔并不投入运用,在宣泄百年一遇洪水时,中孔可以投入也可以不投入(计算时,中孔投入 1 700 m³/s)。在汛期水位 214 m 时,控泄洪水(50 年一遇)3 000 m³/s 时,表孔因溢流水头低,泄流能力不足,中孔将发挥主要的泄洪作用。由此,百色的泄洪消能方案,仍以宽尾墩—消力池联合消能工为主。消力池为复式断面,顶部宽 82 m,底部净宽 72.6 m。设计消力池底板高程 105.0 m(河底高程 115 m),池长 98.4 m。平尾墩和宽尾墩水力计算成果见表 4-4。水力计算根据第 2 章 2.3.2 部分和第 4 章 4.3.2 部分的方法进行,计算中采用 $\xi = 0.1$、$\xi_2 = 0.80$、$\xi_3 = 1.25$、$\xi_4 = 0.85$、$\varepsilon_1 = 0.6$。

表 4-4　两种墩型水力计算值比较

泄洪工况	库水位 (m)	入池流量 (m³/s)	入池单宽 [m³/(s·m)]	第一共轭水深 h_1(m)		第二共轭水深 h_2(m)		跃后下游水位 (m)		水跃长度 L_J		理论池长 $l = 0.8L_j$	
				宽尾墩	平尾墩	宽尾墩	平尾墩	宽尾墩	平尾墩	宽尾墩	平尾墩	宽尾墩	平尾墩
校核 (P= 0.02%)	231.27	11 344 (中孔 0)	156.3	4.66 (26.7)	4.29	30.5	33.7	135.5	138.1	137.3	205.5	109.8	164.4
设计 (P= 0.2%)	229.53	9 944 (中孔 0)	137.0	4.10 (23.5)	3.83	29.3	31.5	134.3	136.3	131.9	192.3	105.5	153.8
消力池设计 (P=1%)	228.34	8 904 (中孔 1 700)	122.6	3.69 (21.1)	3.49	29.7	29.7	133.7	134.0	129.3	181.2	103.3	144.9

第5章　宽尾墩—阶梯式溢流坝—消力池联合消能工

5.1　工程背景

阶梯式明渠应用于人类的生产活动中已有2 500年的历史。在塘坝上普遍使用砌石阶梯溢洪道也有相当悠久的历史。早在1996年美国建成的新克劳顿大坝就采用了阶梯式溢流坝,之后加拿大的拉格朗德Ⅱ级阶梯式岸边溢洪道、澳大利亚的达特茅斯自由式阶梯岸边溢洪道、美国的蒙克斯威尔阶梯式溢洪道以及南非的莱克阿瑟坝工程中,对阶梯式溢流坝的消能方式都曾进行过研究。由于阶梯型溢流坝容易修建,稳定性好,能抗各种水载荷,故常用于坝高少于5 m和要求整个长度溢流的工程。1979年L. Peyras等用一组1:5的模型[相当于3~5 m高,单宽流量3 m³/(s·m)的原型],建立了石框溢流堰的消能标准和设计准则。阶梯式溢流坝与现行的其他溢流方式相比,可使消力池长度缩短10%~30%。从1989年起,日本建设省土木研究所对中筋川阶梯式溢流坝进行了两年的水工模型(1:20)试验研究。目的是提高溢流消能效果,降低坝趾导流墙高度。日本中筋川坝为混凝土重力坝,坝高71.6 m,最大洪水单宽流量5.33 m³/(s·m),下游台阶高0.75 m,宽0.533 m(1:0.71)。

但真正使阶梯式消能技术用于大坝,是藉助于碾压混凝土(RCC)技术的大规模发展,因为在碾压混凝土过程中台阶就自然形成,利用台阶不但可以进行消能,同时简化了施工工序。RCC是利用强力振动和碾压的共同作用,对超干硬性的混凝土进行压实的一种施工新方法,是把混凝土坝结构与材料和土坝的碾压施工方法加以综合而形成的一种新的筑坝技术。1978年日本的岛地川坝首先采用,接着于1982年美国俄勒冈州的柳溪坝也采用,同年美国垦务局首先对上静水坝进行(Upper Stillwater)阶梯式溢流坝水工模型试验,该坝于1987年竣工,阶梯式溢流坝最大泄量2 125 m³/s,单宽流量11.61 m³/(s·m),阶梯尺寸为高0.61 m,宽0.366 m,坡度1:0.6。试验表明,用阶梯式坝面和消力池联合消能,阶梯式坝面的消能率可达70%以上,消力池长度仅9.1 m。此后,美国里亥大学对新蒙克斯维里RCC阶梯式溢流坝进行了水工模型试验研究,该坝高35 m,初期曾设计大型的消力池方案,后改为阶梯式溢流坝方案后,坝址处动能减小了88%,之后取消了大型消力池,从而获得了巨大的经济效益。从这些以单一用阶梯式溢流坝面消能的研究来看,多适用于坝不太高,单宽流量较小[q<30 m³/(s·m)]的情况。到目前为止,国外的阶梯式溢流坝都是在传统的溢流坝面和近乎二元水流的条件下实现的,在这种条件下工作的阶梯式溢流面,由于存在通气难而产生空化空蚀等技术难题,不可能达到高水头和大单宽流量。

无论是常态混凝土还是碾压混凝土(RCC)溢流坝,它们在溢流坝面的施工过程中,都需在溢流坝面预留 2~4 m 厚的二期高标号常态混凝土,最后用滑模按设计坝面曲线浇筑成光滑的溢流坝面,这种方法费工费钱,还占用施工关键工期。按照上述施工方法,溢流坝完建之前,都会有一个阶梯式坝面阶段,因此最早国外在碾压混凝土坝的施工中,有意把这种阶梯保留(当使用预制混凝土模板时,把模板保留),并使其成为溢流坝,即形成阶梯式溢流坝,它利用坝面的一级级台阶,以人工加糙形式形成水力摩阻,对水流在坝面上进行消能。这种坝面形式既简化了施工,又有消能效益,是溢流坝消能的一种新形式。但是以往这种阶梯式溢流坝,一般都是不设闸门控制的自由溢流方式,溢流跨度长,在溢流水舌的覆盖下,难以使阶梯坝面通气,使得坝面空化空蚀及水舌不稳定等问题难以解决,不可能达到高水头和大单宽流量,从而大大限制其应用。目前已建成的阶梯式溢流坝,最大坝高 60~80 m,最大单宽流量小于 30 $m^3/(s \cdot m)$。1973 年,我国丹江口水利枢纽的 14#~17# 溢流坝段呈台阶式坝面,汛期通过最大单宽流量 120 $m^3/(s \cdot m)$,泄洪后,台阶面上出现了大面积空蚀坑,因此常规的阶梯式溢流坝不适用高坝大单宽流量工程。

把宽尾墩的消能技术应用于溢流坝,宽尾墩闸墩后面的溢流坝面存在大片无水区,其面积可达设计溢流坝面面积的 60%~70%,其余 40%~30% 为宽尾墩闸孔水舌溢流面。因此,整个溢流坝面第二期高强度等级混凝土回填已无必要。从而形成宽尾墩和阶梯式溢流面相结合进行联合消能的局格。这种新型消能方式,兼有宽尾墩消能和阶梯式溢流面消能的特点和优点:它既利用阶梯式溢流面进一步增进了宽尾墩的消能率,又利用宽尾墩后在坝面上形成的无水区向阶梯和水舌底部进行通气来避免空化和空蚀,从而使阶梯式溢流坝向高水头、大单宽流量方面发展,这无疑将是对混凝土溢流坝(包括常规和碾压混凝土溢流坝)消能技术的新发展,和对传统溢流坝面的又一重大革新。

随着碾压混凝土(RCC)筑坝技术在一些大、中型水电站主体工程中的应用和发展,在 RCC 溢流坝的建设中,利用宽尾墩在堰顶形成的三元收缩射流的纵向扩散特性,并形成大片溢流坝面无水区,而三元收缩射流水舌的两侧存在着自由面,便于向阶梯下通气,避免阶梯式坝面的空化空蚀,所形成的阶梯式溢流面在具有消能功能之外,同时免去溢流面施工中回填高强度等级常态混凝土,以形成光滑溢流坝面的施工工序。对于 RCC 溢流坝而言,可以进行分层通仓浇筑,实现了真正意义上的全断面快速碾压施工,从而大大简化了施工,加快了进度,缩短了工期。因此,在混凝土溢流坝的建设中,采用宽尾墩和阶梯式溢流坝面相结合的新技术必将进一步得到发展。

目前,福建省尤溪水东水电站是第一个采用宽尾墩和阶梯式坝面相结合的工程,2001年建成的坝高达 120 m、目前世界最高的澜沧江大朝山 RCC 溢流坝,采用了宽尾墩—台阶式溢流坝—戽式消力池联合消能工,单宽流量高达 193.6 $m^3/(s \cdot m)$。此外,坝高达 130 m 的广西百色水利枢纽 RCC 溢流坝,在初设阶段也详细地研究了宽尾墩—阶梯式溢流坝联合消能工,但后来因为采用了宽尾墩—中孔—消力池联合消能工,宽尾墩后的无水区被作为中孔的出口,不可能保持阶梯式坝面因而未能采用。

5.1.1　福建水东水电站宽尾墩—阶梯式溢流面—戽式消力池联合消能工

福建省尤溪水东水电站是一个以发电为主,结合过木等综合利用的工程,电站一期工程装机 3×1.9 万 kW,年发电量 2.25 亿 kW·h。枢纽由拦河坝、电厂和筏道等水工建筑物所组成,参见图5-1。

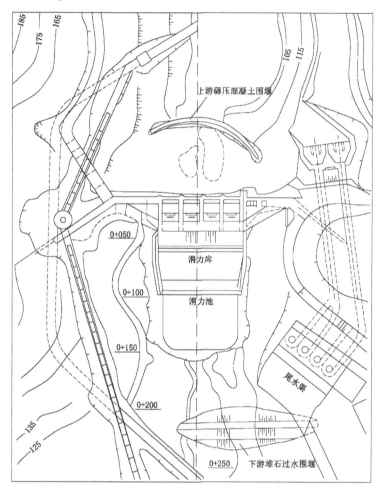

图5-1 水东水电站枢纽布置

拦河坝为碾压混凝土重力坝(RCC),左、右两侧为非溢流坝,中间为溢流坝段,坝顶高程145 m,最大坝高63 m,溢流坝段设4个15 m×15 m的表孔,堰顶高程128 m。泄洪标准按百年一遇设计、千年一遇校核。校核洪水位144.17 m,相应下泄流量8 323 m³/s,入池单宽流量120.6 m³/(s·m),下游水位116.32 m;设计洪水位143 m,相应泄流量6 010 m³/s,入池单宽流量87.1 m³/(s·m),下游水位113.71 m。初设方案拟订为常规平尾墩戽式消力池消能方案,消能率低,下游波动强烈,对岸坡产生严重冲刷。经过中国水利水电科学研究院建议,并在福建水利水电勘测设计院实验室进行整体水工模型试验和论证,推荐了宽尾墩—戽式消力池联合消能工,并为设计所采纳。同时,为了结合碾压混凝土重力坝(RCC)的施工特点,免去溢流坝施工中拆除预制模板和回填混凝土形成光滑坝面的工序,达到节约工程量和缩短工期的目的,征得福建水利水电勘测设计院同意,决定开展宽尾墩—阶梯式坝面—戽式消力池联合消能工的研究,并由中国水利水电科学研究院向电力工业部科技司申报立项"电力工业重点科技项目"(合同编号8901176)。

通过 1:60 断面水工模型试验(中国水利水电科学研究院)及 1:100 整体水工模型(福建水利水电勘测设计院)的一系列试验研究,最终确定了在水东采用宽尾墩—阶梯式坝面—戽式消力池联合消能工,其剖面图见图 5-2。

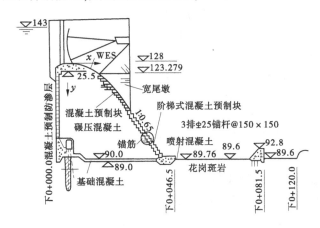

图 5-2　水东溢流坝表孔宽尾墩—阶梯式溢流面—戽式消力池联合消能工典型剖面

水东水电站的宽尾墩—阶梯式溢流面—戽式消力池联合消能工方案,是在原来宽尾墩—光滑溢流面—戽式消力池联合消能工方案基础上改进而来的,考虑到基础为坚硬完整的花岗斑岩,设计者取消了原设计所用的常规溢流坝面半径 20 m 的反弧段,在 WES 曲线($y = 0.054\,8x^{1.83}$)后接 1:0.7 斜坡段的光滑坝面直接与戽池前部连接。经模型试验优化,最后光滑坝面改为台阶坝面,台阶尺寸为水平宽度 0.585 m、高度 0.9 m,阶梯的总斜率为 1:0.65。

当宣泄设计洪水时,单宽流量 q 达 102.4 m³/(s·m),所有台阶基本上被淹没,闸孔中部的水舌上部水流进入水垫,并通过紊动扩散消能,下部水流虽仍为台阶所阻截,并向水平向扩散,溢流水舌有在台阶上漂流而过之势,而闸墩后部水流漩涡因为台阶的逐级阻截而更为破碎。当库水位较低时,下游水位也较低,部分水流被截后,沿台阶横向流动,并时有空气吸入空腔,水舌底部掺气后一片白色。但是,由于水东溢流坝坝高不大,露出水面的阶梯不多,因而消能作用主要是宽尾墩收缩射流纵向扩散及水舌坦化后的横向扩散,通过台阶阻截水流的消能作用并不显著。但若把宽尾墩—阶梯式坝面联合消能用于高坝,阶梯坝面的消能作用会增强。

福建水东水电站表孔溢流坝的宽尾墩—阶梯式坝面—戽式消力池联合消能工是国内第一个建成的试验工程。该工程建成后,1994 年 5 月,工程经历了一场近百年一遇洪水的考验,表孔溢流量 5 800 m³/s,入池单宽近 80 m³/(s·m),汛后检查,仅发现在宽尾墩出口溢流面碾压混凝土预制模板的一些缝出现局部损坏,整体安然无损。由于水东的坝低,下游尾水深,从宽尾墩出口至下游水面的阶梯式坝面段长度短,因而联合消能效益不显著,但在缩短关键工期方面效益显著,因而受到设计单位和施工单位的欢迎和肯定。

5.1.2　大朝山水电站宽尾墩—阶梯式溢流面—戽式消力池联合消能工

大朝山水电站工程采用 RCC 重力坝,右岸地下厂房长尾水隧洞布置方案,最大坝高 120 m,坝顶高程 906.0 m。电站枢纽采用河床表、底孔联合泄洪布置。泄水建筑物包括 5 个 14 m×15 m 的表孔,堰顶高程 882.0 m,以及分别布置在左、右岸的泄洪排沙底孔,孔口尺寸为 7.5 m×10 m(宽×高),底板高程 840.0 m,设计洪水为五百年一遇(流量为 18 200 m³/s),此时表孔泄量为 9 790 m³/s,单宽流量 113.8 m³/(s·m);校核洪水为五千年一遇(流量为 23 800 m³/s),表孔泄量 16 646 m³/s,单宽流量 193.6 m³/(s·m)。

表孔溢流坝面为 WES 实用堰,从 1989 年开始的不同设计阶段,由国家电力公司北京勘测设计研究院开展了设计研究工作,至 1995 年的可研和招标设计阶段,就把宽尾墩—戽式消力池联合消能工作为选定方案。同时,水工模型试验研究表明:宽尾墩—戽式消力池联合消能工能满足工程设计要求。最终采用的宽尾墩—戽式消力池联合消能工方案为:表孔的闸墩厚 4 m,中间三孔采用收缩比为 0.45 的 Y 形宽尾墩,左、两侧边孔为收缩比 0.5 的不对称 Y 形宽尾墩。溢流坝下游反弧段后接 18.41 m 直线段,后接坡比为 1:0.7,经反弧段下接水平底板长 24.41 m,后接高 6.45 m、坡比 1:2 的尾坎,尾坎顶高程 811.0 m,从而形成戽式消力池。

通过 1995 年以后的技施设计研究,表孔溢流坝面最后采用台阶式坝面的施工布置,如图 5-3 所示。

(1)自宽尾墩末(下 0+035.6)至反弧起点(下 0+066.66)之间的溢流坝面,宽尾墩水舌在 1:0.7 的坝面形成良好的纵向拉开的竖向射流,主流水舌下缘与坝面的接触宽度每孔为 5~5.5 m(孔口宽 14 m),坝面 70%以上为无水区。很显然,这部分无水区内按原设计铺设的 R90300 号高强度等级常态混凝土可以取消。

(2)模型试验表明,消能防冲设计水位 894.38 m 时,从常规光滑溢流面的压力分布来看,在 1:0.7 的斜面上,位于戽池水面以上的测点的动水压力分布,已不同于常规平尾墩的二元水舌溢流面,其压力值很小,有个别点有时甚至测到少许负压。据此可以设想,如果把坝面做成台阶式,水舌下缘也只能是接触式冲击,且两侧为自由面,从而有利于掺气减免空蚀。于是,这部分有水区的 R90300 号高强度等级混凝土也可以取消。因此,保留溢流坝面 RCC 施工所形成的台阶是具备条件的。

(3)戽池水水面以下至反弧起点之前的这部分斜坡坝面,不是下泄水舌的主流区,而是宽尾墩收缩射流下部戽池三元水跃漩涡区的范围,动水压力明显衰减。据此,这部分的 R90300 号高强度等级常态混凝土也可取消,代之以 RCC 施工的台阶。而反弧到戽池部分,则是主要的消能区,这部分 R90300 号高强度等级常态混凝土必须保留。由于下游尾水较高,水垫深度大,宽尾墩的收缩射流在戽式消力池内形成稳定而完整的三元水跃,是消能工的主体。

(4)通过这一系列的设计研究,形成了最终用于施工的溢流坝台阶式坝面的布置(见图 5-3)。其布置为:①为了保证宽尾墩出流水舌底部形成掺气空腔,在下 0+032.435—宽尾墩墩尾下 0+035.6 的溢流面做成 1:1.07 坡,形成 2 m 高的初始跌坎,其起点高程 863.705 m,在宽尾墩墩尾下 0+035.6 出露点的高程为 860.749 m;②在下 0+035.6—下

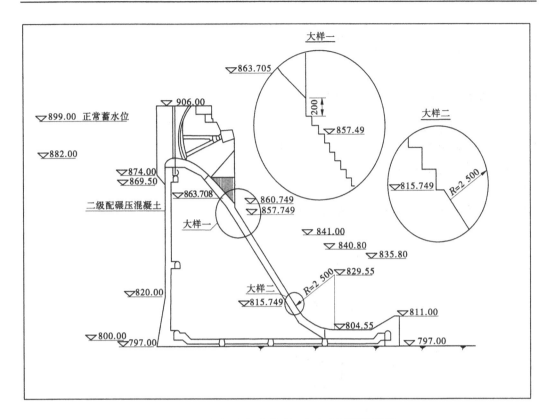

图 5-3　大朝山表孔溢流坝台阶式坝面体型图

0+037.94 设置了 3 个宽 0.78 m 的台阶,墩尾第一级台阶高 2.0 m,其他两级均高 1 m;③在下 0+037.94—下 0+065.94 之间设置 40 个 0.7 m×1.0 m(宽×高)的标准台阶,在下 0+065.94—下 0+066.29 设 1 个 0.35×1.0 m 的台阶,与反弧起点下 0+066.66 前 1:0.7 的下游坝面相接;④台阶式坝面的布置范围为:宽尾墩末端下 0+035.6—下 0+066.29 反弧段起点前,高程 860.749~815.749 m。这段范围的水平长度 30.69 m,高差 45 m,沿 1:0.7 的斜坡面长度 54.47 m。

　　大朝山表孔溢流坝采用台阶式坝面带来了以下显著的经济效益:

　　(1)由于采用了与表孔溢流坝碾压混凝土分层通仓碾压施工相适应的 RCC 台阶式坝面,取消了原设计的内外部混凝土接合面的联系筋,避免了按常规浇筑高强度等级常态混凝土,以及光滑斜坡溢流面混凝土的二次浇筑,台阶式坝面一次碾压成型,实现了真正意义上的全断面快速碾压筑坝,大大简化了施工,加快了进度,缩短了工期。

　　(2)由于将表孔溢流坝宽尾墩末端至反弧段起点之前的溢流坝面混凝土,由原设计的 R90300 号高强度等级常态混凝土,改为 R90200 号碾压混凝土,共置换混凝土 1 万多 m³,经济效益显著。

5.2　宽尾墩—阶梯式坝面—消力池联合消能工的试验研究

5.2.1　水东水电站宽尾墩—阶梯式坝面—戽式消力池联合消能工的试验研究

水东水电站溢流坝的消能方案先后在中国水利水电科学研究院水力学所和福建水利水电勘测设计研究院进行了断面和整体水工模型试验,对水东水电站的宽尾墩—戽式消力池联合消能工进行阶梯式溢流坝和宽尾墩联合消能新技术的研究,并列入电力部重点科技项目(合同编号 B901175),对水东溢流坝用 1∶0.70 斜坡面、1∶0.70 阶梯面和 1∶0.65 阶梯面 3 种方案进行试验比选,参见图 5-4。

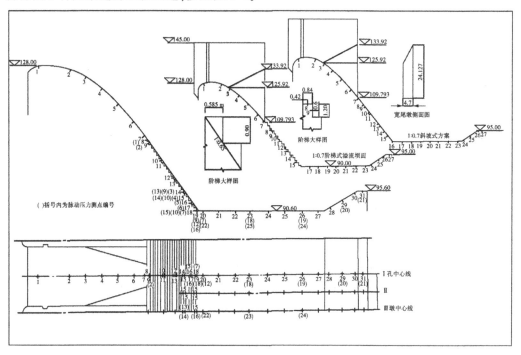

图 5-4　水东水电站的宽尾墩—阶梯式坝面—戽式消力池联合消能工 3 种坝面方案示意图

5.2.1.1　流态

在宣泄设计洪水及校核洪水时,3 种消能工方案,由于宽尾墩的作用,堰顶三元收缩射流进入戽式消力池水垫后,已不再是常规戽池典型的"三滚一浪",而是形成典型的宽尾墩戽式消力池的三元"戽跃"。这种"戽跃"使池内水体的掺混和扩散十分充分,戽池内和消力坎的水面普遍高于下游尾水 3~5 m,但与下游的水面衔接平稳,以流量为 5 970 m³/s 为例,宽尾墩—阶梯式坝面—戽式消力池入戽最大底流速为 16.6 m/s,出戽最大底流速为 14.34 m/s,比平尾墩光滑斜面方案分别减小 30.5%和 32.5%,戽池内平均水深上升 0.24~8.49 m。3 种方案比较,阶梯式坝面较斜坡式坝面戽池内水面线高 1~2 m。

关于坝面流态,阶梯式与光滑斜坡式坝面有所不同。由于出闸孔的水流,仅在宽尾墩收缩射流的范围内和阶梯坝面接触,接触面以外为无水区。因而水流通过阶梯坝面时,水舌底部和阶梯坝面的每一个台阶之间形成的三角形空间,是和水舌两侧的无水区相连通的。在试验中可以看到,三角形空间已被一个顺时针旋转的含气的漩涡所充填。也就是说无水区不断地向每一台阶与水舌底部之间充气,这是阶梯式坝面免除空蚀的重要保证。另外,由于阶梯式坝面在宽尾墩闸孔后所连接的溢流面为一级一级的台阶,出闸室后水舌底部一部分水流为每一台阶所阻截,并从两侧向墩后无水区扩散,除水流与阶梯接触的"水力摩阻"消能外,相邻各孔每一台阶水流相互交汇而自身消能,并不参与戽池内消能,故使进入戽池内的水流有效动量被削弱。若台阶阻截的水流越多,削减的动量越多,则对戽池整体的消能越有利。这是宽尾墩—阶梯式坝面和常规阶梯式坝面仅靠"水力摩阻"消能的区别。

当宣泄设计洪水时,单宽流量 q 达 102.4 m³/(s·m),所有台阶基本上淹没,闸孔中部的水舌上部水流进入水垫,并通过紊动扩散消能,下部水流虽仍为台阶所阻截,并向水平向扩散,溢流水舌有在台阶上漂流而过之势,而闸墩后部水流漩涡因为台阶的逐级阻截而更为破碎。当库水位较低时,下游水位也较低,部分水流被截后,沿台阶横向流动,并时有空气吸入空腔,水舌底部掺气后一片白色。但是,由于水东溢流坝坝高不大,露出水面的阶梯不多,因而消能作用主要是宽尾墩收缩射流纵向扩散及水舌坦化后的横向扩散,通过台阶阻截水流的消能作用并不显著。但若把宽尾墩—阶梯式坝面联合消能用于高坝,阶梯坝面的消能作用会增强。

5.2.1.2　流速分布

由表 5-1 可见,3 种方案戽池首部均由于漩辊产生反向流速,类比之下,由于阶梯式坝面截阻水流的作用使反向漩涡较大,在设计水位时,1:0.70 斜坡式方案与阶梯式方案不论是孔中心线上还是墩中心线上,戽池末端流速(相应为 13.22 m/s,13.94 m/s 与 15.03 m/s,15.23 m/s)均相差不多,而 1:0.65 阶梯式方案戽池末端流速(12.49 m/s 及 14.39 m/s)相应小 4%~10%,而在校核水位时孔中心线上戽池末端流速以 1:0.70 阶梯式方案相应略大 5%~3.3%(相应于 1:0.70 斜坡式与 1:0.65 阶梯式),而墩中心线上以 1:0.65 阶梯式方案略大 5.6%~4.6%(相应于 1:0.70 斜坡式及 1:0.70 阶梯式)。在设计水位时,0+065 断面处孔中心线上的底流速最大,1:0.70 斜坡式 $v_{底}$ = 18.22 m/s,1:0.70 阶梯式 $v_{底}$ = 19.29 m/s,1:0.65 阶梯式 $v_{底}$ = 19.33 m/s;墩中心线上离底 1 m 处流速为最大,1:0.70 斜坡式 v_{m} = 16.88 m/s,1:0.65 阶梯式 v_{m} = 16.75 m/s。因此,预计阶梯式在低处的局部最大流速不超过 20 m/s。

5.2.1.3　冲刷形态

尾坎后的动床用实际基岩抗冲流速 $U_{抗冲}$ = 10 m/s 相对应的冲刷料,连续冲刷一昼夜(原型),这三组冲刷结果趋于一致,均为不冲不淤的形态。为了便于各方案的冲刷指标相对比较,选用相当于原型抗冲流速 3.6 m/s 的冲刷料,以提高冲刷的灵敏度。表 5-2 为相对冲刷深度和淤积高度。出戽池水流在预挖消力池范围近底存在反向漩辊,致使在戽池下游面略有淤积,在预挖消力池末端略有冲刷。其中相对冲刷略轻的为 1:0.7 阶梯式坝面方案,相对略深的为 1:0.7 斜坡式坝面方案,虽然 1:0.65 阶梯式坝面方案戽式消力池底和尾坎顶面高程均抬高了 0.6 m,但其相对冲刷深度还是略轻于 1:0.7 斜坡式方案。以上冲刷结果也正说明了宽尾墩水流在戽式消力池中的消能作用是主要的。

表 5-1　三种方案庙池流速分布

桩号	高程(m)	校核水位下流速分布(m/s) 沿孔中心线 1:0.7斜坡式	阶梯式 1:0.7	阶梯式 1:0.65	沿墩中心线 1:0.7斜坡式	阶梯式 1:0.7	阶梯式 1:0.65	设计水位下流速分布(m/s) 沿孔中心线 1:0.7斜梯式	阶梯式 1:0.7	斜梯式 1:0.65	沿墩中心线 1:0.7斜梯式	阶梯式 1:0.7	阶梯式 1:0.65
0+045	90.06	3.07	-6.51		-4.20	-2.66		-3.52	-5.99		-4.60	-1.72	
	90.78			-3.95			0			-11.09			-7.86
	91.00	5.43	-4.73		-5.94	-3.60		2.77	-4.97		-7.20	-5.42	
	91.60			-5.74			-6.69			-4.47			-7.97
0+050	90.06	7.28	-4.47		-4.97	-4.60		9.33	1.70		-4.41	-4.47	
	90.78			6.19			-6.46		2.00	13.74			-6.55
	91.00	11.79	4.73		-7.28	-5.32		14.15			-7.67	-6.42	
	91.60			11.58			-7.59		8.16	14.97			-5.89
0+055	90.06	12.84	9.46		5.09	-3.43		15.00	12.54		5.94	2.66	
	90.78			14.35			-2.43			17.29			7.67
	91.00	15.00	10.29		5.53	-4.97		16.45	16.18		7.28	1.08	
	91.60			14.69			3.91			16.20			9.39
0+060	90.06	15.65	15.72		10.06	7.44		17.66	17.39		11.98	10.06	
	90.78			16.45			10.06			18.63			12.90
	91.00	16.63	17.6		11.98	9.33		18.16	18.06		14.35	11.51	
	91.60			16.01			10.98			16.36			14.87
0+065	90.06	16.49	17.83		12.32	11.38		18.22	19.29		14.39	13.81	
	90.78			17.46			13.39			19.33			15.59
	91.00	16.95	17.93		14.29	14.02		17.86	18.98		16.88	16.20	
	91.60			16.79			15.38			17.03			16.75
0+070	90.06	16.02	17.29		11.98	11.53		16.42	18.44		12.97	13.98	
	90.78			17.32			13.06			18.23			15.83
	91.00		16.49			14.23		16.13	16.98		16.09	17.19	
	91.60			15.72			15.15			15.87			15.44
0+081	95.06	14.60	15.34		14.62	14.76		13.22	13.94		15.03	15.23	
	95.78			14.85			15.44			12.49			14.39
	1 000	4.34	3.26	3.82	10.46	7.60	11.73	-1.09	1.53	3.68	7.67	8.61	9.49

表 5-2 不同消能方案相对冲刷深度与淤积高度 （单位：m）

| 桩号 | 校核水位 | | | | | | 设计水位 | | | | | |
| | 沿孔中心线 | | | 沿墩中心线 | | | 沿孔中心线 | | | 沿墩中心线 | | |
	1:0.7 斜坡式	1:0.7 阶梯式	1:0.65 阶梯式	1:0.7 斜坡式	1:0.7 阶梯式	1:0.65 阶梯式	1:0.7 斜坡式	1:0.7 阶梯式	1:0.65 阶梯式	1:0.7 斜坡式	1:0.7 阶梯式	1:0.65 阶梯式
0+083	—	2.71	3.87	—	2.38	3.67	2.81	2.76	3.24	3.64	3.26	3.15
0+085	2.95	3.04	3.81	3.27	2.66	3.32	3.00	2.54	3.35	3.76	3.31	3.43
0+090	1.87	2.44	2.70	2.35	2.75	2.93	2.04	2.16	2.44	2.10	2.84	3.04
0+095	1.32	1.70	1.59	1.91	1.82	2.40	1.34	1.63	1.39	1.96	2.48	2.11
0+100	0.66	1.25	1.06	1.28	1.48	1.55	0.22	1.14	1.17	1.30	2.11	1.50
0+105	-0.03	0.80	-0.24	0.80	0.93	0.81	-0.22	0.43	0.45	0.58	1.62	0.84
0+110	-0.56	0.14	-0.18	0.50	0.83	0.47	-0.61	0.08	0.40	0.37	0.39	0.38
0+115	-0.60	-0.10	-0.59	0.39	0.44	0.68	-0.73	-0.34	-0.24	0.18	0.18	-0.34
0+120	-0.51	-0.37	-1.02	0.08	0.23	0.08	-1.00	-0.18	-0.36	-0.29	0.24	-0.47
0+125	-2.12	-1.32	-2.43	-2.09	-1.61	-1.90	-1.08	-1.11	-1.71	-2.18	-1.12	-2.02
0+130	-5.39	-4.84	-5.34	-6.20	-5.20	-5.17	-5.39	-3.64	-4.65	-5.75	-4.61	-5.15
0+133	-5.66	-5.72	-5.62	-6.59	-5.84	-5.76	—	-3.77	-5.37	—	-4.81	-6.14

注：正为冲刷，负为淤积。

5.2.1.4 压力分布

由于宽尾墩与戽池间的坝面连接形式不同，其流态也有所不同，因而坝面池底板上压力分布特性也有所差异。表 5-3 为校核水位与设计水位各特征部位测点相对压力 C 值。溢流坝面动水压强均为正值，且坝面测点相对压力 C 值随着坝面高程的降低而增加。

在泄设计洪水时，从宽尾墩出口 7# 测点开始，其相对压力 $C=(p/\gamma)/H$（实测压力值 P/γ 与测点处水头落差 H 之比），1:0.7 斜坡式坝面 C 值由 0.067 增至斜坡末端的 0.49；1:0.7 阶梯式坝面由于阶梯突出坝面，其 7# 测点的 C 值较大为 0.44；1:0.65 阶梯式坝面由 0.085 增至阶梯末端底板上的 0.57。降低下游水位后，溢流面上的压力略有减小，孔中心线上的坝面压力往往比墩中心线上的大，如 1:0.65 阶梯式坝面孔中心线上的 C 值比墩中心线上大 0.016~0.067。

泄校核洪水时，1:0.7 斜坡式坝面 C 值由宽尾墩末孔中心线上的 0.127 增至斜坡末端的 0.512；1:0.7 阶梯式坝面 7# 测点为 0.461，1:0.65 阶梯式坝面 C 值由宽尾墩末孔中心的 0.134 增至阶梯末端底板上的 0.552。降低下游水位后，溢流面上的压力值略有减小。

表 5-3　校核水位与设计水位各特征部位测点相对压力 $C = (\frac{p}{\gamma})/H$

库水位 （m）	方案	下游水位 （m）	宽尾墩末端 7#、8#测点	坝面末端	戽池首部 最大压力处	戽池末端	戽池坎顶
144.17	1:0.7 斜坡式	116.38	0.127(0.163)	0.512(0.524)	0.707(0.670)	0.563(0.612)	0.354(0.380)
		113.71	0.083(0.118)	0.492(0.510)	0.722(0.674)	0.514(0.577)	0.345(0.342)
		110.53	0.071(0.101)	0.493(0.504)	0.733(0.681)	0.504(0.576)	0.337(0.330)
	1:0.7 阶梯式	116.38	0.461(0.193)	—	0.692(0.671)	0.602(0.631)	0.383(0.397)
		113.71	0.458(0.150)	—	0.715(0.674)	0.563(0.562)	0.356(0.356)
		110.52	0.470(0.111)	—	0.667(0.621)	0.551(0.560)	0.342(0.308)
	1:0.65 阶梯式	116.38	0.134(0.128)	0.552(0.519)	0.713(0.655)	0.576(0.588)	0.358(0.322)
		113.71	0.096(0.085)	0.555(0.508)	0.738(0.664)	0.536(0.563)	0.322(0.322)
		110.53	0.079(0.058)	0.571(0.502)	0.743(0.665)	0.516(0.553)	0.317(0.304)
143.00	1:0.7 斜坡式	113.71	0.067(0.110)	0.490(0.510)	0.730(0.670)	0.477(0.550)	0.341(0.352)
		111.67	0.055(0.077)	0.483(0.510)	0.737(0.674)	0.454(0.519)	0.328(0.323)
		109.68	0.057(0.068)	0.485(0.503)	0.738(0.664)	0.447(0.515)	0.323(0.311)
	1:0.7 阶梯式	113.71	0.441(0.120)	—	0.710(0.640)	0.501(0.550)	0.348(0.347)
		111.67	0.446(0.082)	—	0.663(0.609)	0.473(0.522)	0.329(0.315)
		109.68	0.452(0.072)	—	0.673(0.622)	0.467(0.523)	0.317(0.304)
	1:0.65 阶梯式	113.71	0.085(0.074)	0.570(0.510)	0.755(0.661)	0.488(0.532)	0.331(0.331)
		111.67	0.066(0.043)	0.560(0.504)	0.757(0.665)	0.467(0.509)	0.305(0.304)
		109.68	0.063(0.028)	0.570(0.500)	0.756(0.663)	0.449(0.503)	0.298(0.300)

　　戽池底板上的动水压力均为正值,以孔中心线上戽池首部压力为最大,其值随库水位不同而变化。泄校核洪水时,在孔中心线上,1:0.7 斜坡式方案,在桩号 0+051 处测点最大相对压力 $C = 0.707$,1:0.7 阶梯方案此处测点最大相对压力 $C = 0.692$,1:0.65 阶梯方案,此处最大相对压力 $C = 0.713$。由于该处压力带有溢流水舌冲击底板的性质,故降低下游水位后,此处压力将会有所增加,如 1:0.65 阶梯方案,由正常下游水位 116.38 m 降至 110.53 m 时,孔中心线上 C 值由 0.713 增至 0.743。墩中心线上最大 C 值比孔中心线上的小,其位置也滞后些,如 1:0.65 阶梯方案墩中心线上戽池首部最大 C 值对应 3 个下游水位分别为 0.65、0.664、及 0.665,显然比孔中心线上小。戽池底板末端孔中心线上的 C 值,3 个方案依次为 0.563、0.602 及 0.576,戽池坎顶上为 0.354、0.383 及 0.358,且它们均随下游水位降低而减小。如 1:0.65 阶梯方案为 0.358、0.322 及 0.317。宣泄设计洪水时,孔中心线上戽池首部最大 C 值,3 个方案依次为 0.730、0.710 及 0.755,降低下游水位后,此处压力有所增加,如 1:0.65 阶梯方案 3 个下游水位依次对应的 C 值为 0.755、

0.757 及 0.756。墩中心线上的最大 C 值 3 个方案依次为 0.67、0.64 及 0.661,此数比孔中心线上的要小些。戽池底板末端孔中心线上的 C 值 3 个方案依次为 0.480、0.500 及 0.532,戽池坎顶上为 0.341、0.348 及 0.331,且均随下游水位降低而减小,如 1:0.65 阶梯方案 3 个下游水位依次对应的 C 值为 0.331、0.305 及 0.298。

从以上压力分布分析可知,3 种方案压力分布特性相差不多,虽然 1:0.65 阶梯方案的戽池底板和戽池坎顶高程均提高了 0.6 m,但与斜坡式方案相比相差不多,各种方案阶梯面上均未出现负压,相对比较而言,1:0.65 阶梯式方案略优,由此选择 1:0.65 阶梯式方案为设计方案。

5.2.2 百色枢纽宽尾墩—阶梯式坝面—消力池联合消能工的试验研究

百色枢纽溢流坝高达 130 m,下游尾水浅,从宽尾墩出口到反弧起点高差近 70 m,如果按常规进行二期钢筋混凝土回填成光滑坝面,工程量大、工期长,因而在初步设计阶段,由中国水利水电科学研究院和广西水利水电勘测设计研究院协作,对百色枢纽的宽尾墩—消力池联合消能工进行"阶梯式溢流坝和宽尾墩联合消能新技术的研究",并列入水利部重点科技项目(合同编号 SZ9407)。由中国水利水电科学研究院和广西水利水电勘测设计研究院分别建立断面和整体水工模型进行试验研究。

百色的宽尾墩—阶梯式坝面—中孔(挑流)—戽式消力池联合消能工的典型剖面如图 5-5 所示。阶梯式溢流坝面设在 1:0.8 的直线斜坡段上,起点自宽尾墩出口略低的高程 179.55 m 开始,至反弧起点的高程 114.38 m 止,全长 83.54 m,每一个台阶宽 0.72 m,高 0.90 m,台阶的端点和 1:0.8 斜坡线相对应。考虑到反弧段是各孔宽尾墩收缩射流主流相互交汇、掺混和消能的区域,是戽式消力池消能主体的一部分,且位于水下,故不设台阶是合理的。

5.2.2.1 流动特征和消能机制

1)坝面流态

表孔断面模型试验在长 18 m、宽 75 cm 的玻璃水槽中进行,模型比尺选用 1:60,模型中间为 1 个整孔和左、右 2 个闸墩,闸墩左、右两侧为 2 个半孔。

在 1:60 断面模型上观测了宽尾墩和阶梯式坝面联合消能时的坝面流态,由于阶梯式坝面在宽尾墩后所连接的溢流坝面为一级一级的台阶,出宽尾墩的水舌在沿坝面下泄时,水舌底部沿程为每一级台阶所阻截,并沿水平台阶面向无水区扩散,而且相邻各孔同一台阶的水平向扩散水流在无水区相遇交汇,可以看到水舌两侧无水区的台阶坝面上为薄薄的一层水流所覆盖,呈跌水状下泄,随着台阶数的增加,水深逐渐增加,最终流入消力池,这是光滑斜坡式坝面和单纯的阶梯式坝面的显著不同。从消能的观点来看,通过无水区台阶坝面跌落消力池的水流,沿程跌落时已经进行消能,所以并不参加消力池主水舌的消能过程。

此外,阶梯式坝面出闸孔的水流,仅在宽尾墩收缩射流的范围内和阶梯坝面接触,接触面以外为无水区,因而水流通过阶梯坝面时,水舌底部和阶梯坝面的每一个台阶之间形成一个三角形空间,它是和水舌两侧的无水区相连通的,从玻璃水槽的两侧可以清楚地看到台阶与水舌底部接触的流态。试验显示,水舌底部与台阶三角体之间的三角形空间,已

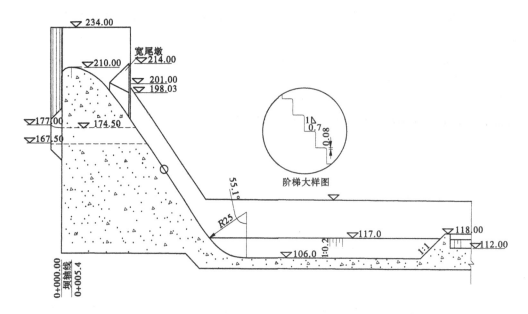

图 5-5　百色的宽尾墩—阶梯式坝面—中孔(挑流)-戽式消力池联合消能工的典型剖面

为一个稳定的、顺时针(从水槽右侧视)旋转的含气漩涡所充填,也就是说无水区不断地向每一台阶与水舌底部之间的三角形空间充气,这是一般的阶梯式坝面不可能具有的功能,也是免除宽尾墩—台阶空蚀破坏的重要保证。也可以说,宽尾墩—阶梯式坝面的结合,溢流水舌两侧无水区的存在,使水舌两侧出现了自由面,从而使阶梯式坝面具有自掺气和防空蚀的功能。

另外,由于阶梯式坝面在宽尾墩闸孔后所连接的溢流面为一级一级的台阶,出闸室后水舌底部一部分水流为每一台阶所阻截,并沿台阶水平面向两侧墩后无水区扩散,而且相邻各孔同一台阶的水平向扩散水流在无水区彼此相遇交汇而自身消能。因此,三角形空间的存在,除水流与阶梯接触的水力摩阻消能外,相邻各孔每一台阶的水流在无水区的相互交汇,它们并不参与戽池内的消能,而是使进入戽池内的水流有效动量被削弱,这是三角形空间—阶梯式坝面的另外一种消能方式。随着台阶数的增加,台阶阻截的水流越多,主流进入消力池的有效流量越少,则削减的入池水流的有效动量越多,阶梯式坝面的消能效益就越大。因此,宽尾墩—阶梯式坝面联合消能的机制与通常的阶梯式坝面单纯依靠水力摩阻的消能有所不同,它除有依靠台阶与水舌底部接触产生的水力摩阻外,还依靠削减入池水流的有效动量来实现。

从 1:60 断面模型试验来看,宽尾墩—阶梯式坝面—消力池联合消能时,消力池内的流态更为稳定,池水面略有升高但不显著(参见图 5-6、图 5-7)。

1:100 整体动床冲刷试验表明,各级水位下,两种坝面形式的消力池内底流速和最大冲刷深度对比,阶梯式坝面均略有降低。

5.2.2.2　阶梯式坝面的动水压力分布及脉动压力

在 1:60 断面上研究了阶梯式坝面台阶上的时均压力分布及脉动压力。观测的台阶号分别为 2#、7#、17#、27#、37#、46#、57# 和 69# 共 8 个台阶,每个台阶在立面及水平面的中点

图 5-6　宽尾墩—阶梯式坝面—消力池联合消能消力池流态

(500 年一遇洪水:$H_{上}=229.63$ m,$H_{下}=134.60$ m,$Q=10\ 480$ m^3/s)

图 5-7　宽尾墩—阶梯式坝面—消力池联合消能消力池流态

(5 000 年一遇洪水:$H_{上}=231.27$ m,$H_{下}=135.60$ m,$Q=11\ 889$ m^3/s)

均安装了测压管。典型工况的试验结果如表 5-4 及图 5-8、图 5-9 所示。

由表 5-4 中的试验成果可见:台阶水平面的时均动水压力均为正压,其值随着台阶高程的降低(落差增加)而增加。台阶立面上动水压力较小,在高程较低的台阶面立面测点 27$^\#$、37$^\#$和 46$^\#$均出现负压,但其值均小于 10 kPa。

沿表孔中心线的各个台阶面共布置了 15 个脉动压力传感器,各测点的编号、桩号、高程及方向均和时均动水压力测孔相同(见表 5-4)。脉动压力传感器采用美国 IC 公司产品,其特点是自带高精度的温度补偿和线性修正、体积小,灵敏度高、抗过载等,配东方科卡及 INV303/306—智能信号数据采集分析系统进行数据处理。表 5-5 给出了各测点脉动压力均方根值。

表 5-4 百色阶梯坝面台阶上时均动水压力

(消力池尾坎高程 119 m,消力池底高程 105 m) (单位: kPa)

测压孔号	测孔位置	桩号	高程(m)	库水位(m)			
				225.75	228.34	229.63	231.27
				下游水位(m)			
				133.80	133.80	134.60	135.63
9	WES 曲线(宽尾墩)	036.30	186.11	78.38	83.68	86.33	93.10
10	宽尾墩出口坝面	039.60	182.43	25.90	26.19	27.96	29.43
11	2#台阶立面	042.27	178.02	8.24	9.12	8.24	8.24
12	2#台阶平面	042.63	177.75	21.19	12.07	12.07	12.07
13	7#台阶立面	045.87	173.69	0.59	2.06	2.06	2.35
14	7#台阶平面	046.23	173.25	25.80	24.33	25.21	26.68
15	17#台阶立面	053.07	164.69	10.30	7.65	7.95	8.24
16	17#台阶平面	053.43	164.25	65.83	57.00	57.58	57.29
17	27#台阶立面	060.27	155.69	-3.83	-3.24	-3.53	-2.35
18	27#台阶平面	060.63	155.25	60.53	63.18	62.29	58.17
19	37#台阶立面	067.47	146.69	-5.59	-7.65	-8.53	-7.95
20	37#台阶平面	067.83	146.25	78.19	67.89	66.33	66.86
21	46#台阶立面	073.95	138.60	-2.45	-3.34	-0.69	0.78
22	46#台阶平面	074.31	138.14	129.43	134.20	117.10	101.83
23	57#台阶立面	081.87	128.69	9.71	8.24	10.01	13.83
24	57#台阶平面	082.23	128.25	79.66	79.66	82.89	79.66
25	69#台阶立面	090.51	117.90	72.89	81.13	87.01	90.84
26	69#台阶平面	090.87	117.44	152.15	156.86	165.99	165.31
27	反弧段	094.30	114.22	129.59	147.84	151.96	153.72
28	反弧段	100.30	109.11	245.94	267.42	288.61	301.18

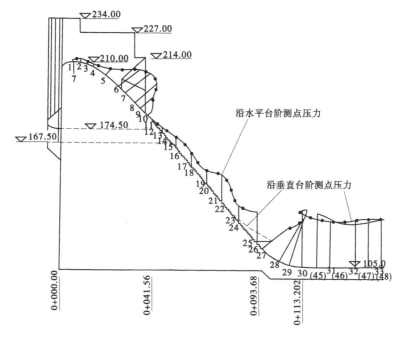

图 5-8　阶梯坝面上各阶梯时均动水压力分布

($H_上 = 229.63$ m, $H_下 = 134.60$ m)

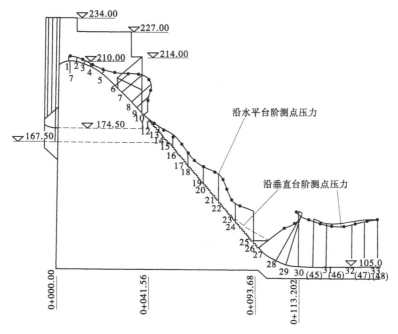

图 5-9　阶梯坝面上各阶梯时均动水压力分布

($H_上 = 225.75$ m, $H_下 = 133.80$ m)

表 5-5　百色阶梯坝面台阶上脉动压力(均方根值)
(消力池尾坎高程 119 m,消力池底板高程 105 m)　　　　(单位:kPa)

测压孔号	测孔位置	桩号	高程(m)	库水位(m)			
				225.75	228.34	229.63	231.27
				下游水位(m)			
				133.80	133.80	134.60	135.63
12	2#台阶平面	042.63	177.75	38.19	38.79	41.41	43.45
13	7#台阶立面	045.87	173.69	15.92	15.87	16.73	16.01
14	7#台阶平面	046.23	173.25	64.89	63.44	66.50	66.46
15	17#台阶立面	053.07	164.69	31.02	26.75	31.69	26.33
16	17#台阶平面	053.43	164.25	76.37	73.19	79.59	75.99
17	27#台阶立面	060.27	155.69	28.62	24.78	26.75	24.55
18	27#台阶平面	060.63	155.25	71.77	64.34	70.24	64.53
19	37#台阶立面	067.47	146.69	37.39	38.12	33.59	31.62
20	37#台阶平面	067.83	146.25	174.84	179.95	180.49	171.44
21	46#台阶立面	073.95	138.60	43.95	40.14	41.30	41.11
22	46#台阶平面	074.31	138.14	194.48	174.41	184.92	178.55
23	57#台阶立面	081.87	128.69	50.08	49.77	50.42	46.49
24	57#台阶平面	082.23	128.25	144.04	145.77	162.14	144.50
25	69#台阶立面	090.51	117.90	63.27	64.96	67.40	62.86
26	69#台阶平面	090.87	117.44	117.80	124.60	125.81	129.28

　　关于台阶面的脉动压力,从玻璃水槽的两侧可以清楚地看到台阶与水舌底部接触的流态。试验显示,水舌底部与台阶直立面和水平面的之间的三角形空间,已为一个稳定的、顺时针(从水槽右侧视)旋转的含气漩涡所充填。图 5-10 给出了断面模型试验中台阶面上脉动压力典型的自功率谱,图 5-10 中显示,台阶面上脉动压力有 10~15 Hz 的主频区,这与前述的水舌底部与台阶三角体之间有稳定的漩涡是相对应的,它表明漩涡的主频率集中在 10~15 Hz。

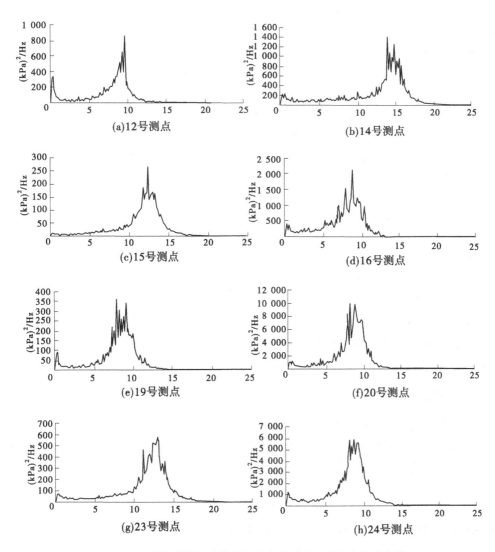

图 5-10　百色溢流坝阶梯式坝面台阶面上脉动压力自功率谱

5.3　阶梯式坝面的水力设计

在宽尾墩—阶梯式坝面联合消能工中,宽尾墩本身的水力(体型)设计主要是根据宽尾墩和底流、戽流、挑流联合运用的要求进行的,这方面前面各章已有论述,这里重点介绍联合消能工中阶梯式坝面水力(体型)设计的有关问题。

5.3.1　阶梯式坝面的形式

阶梯式坝面应保持原溢流坝面的体型基本不变,以保证坝体结构的强度和稳定。阶梯式坝面的起点一般应从宽尾墩闸孔出口开始,并延续至趾部的反弧段起点。起点(第一个台阶)主要是照顾到堰顶溢流面的 WES 曲线不能受破坏,该部位保持光滑溢流面是必要的,否则有可能影响流量系数。终点(最后一个台阶)保留在反弧段上游,主要是为了把沿坝面泄流而下的宽尾墩三元收缩射流由斜向导向水平,使其不直接冲击消力池底板或便于与挑流鼻坎连接。此外,水流在反弧段受到离心力的作用,它和重力是促进反弧段的宽尾墩高耸的三元收缩射流逐渐趋向平坦化(简称坦化)的强大水动力。在各种宽尾墩联合消能工中,这种坦化作用使相邻各孔的三元收缩射流在反弧段内相互交汇、碰撞,并产生强烈的紊动掺混作用。这种作用是宽尾墩增进各种传统消能工的消能率关键所在。显然,在该部位保持一个连续光滑的反弧曲线是必要的。应该指出的是,福建水东水电站表孔溢流坝的宽尾墩—阶梯式坝面取消了反弧段,并在阶梯式坝面与消力池底板交接处用一段水平的、长约 5 m、厚约 3 m 的常态混凝土板,板后接一段长约 5 m、厚约 0.16 m 的喷射混凝土保护段(参见图 5-2),这种简化结构是一个特例,因为水东最大坝高仅 57 m,泄洪落差仅 27.79 m(千年一遇洪水,$P=0.1\%$)~29.29 m(百年一遇洪水,$P=1\%$),相应下游水深 26.78 m($P=1\%$)~24.11 m($P=0.1\%$),而堰顶高程 128 m,消力池底板高程 89.6 m,高差仅 38.4 m,因此过堰水流进入下游戽池水垫之后,则迅速扩散,反弧的作用并不显著。

对于高水头、大单宽流量的宽尾墩—阶梯式坝面联合消能工的工程,反弧段不能取消。目前,坝高超过 100 m 的大朝山阶梯式溢流坝面都保留着连续的光滑反弧段,如图 5-3 所示,也就是说,只在溢流坝面的斜坡直线段布置阶梯式坝面。

5.3.2　台阶的体型

台阶一般是顺着坝面的斜坡直线段布置,以便和溢流坝体的施工相一致。各级台阶的端点连线,一般与坝面斜坡线重合,如水东和百色,见图 5-2 和图 5-5,但是也有取台阶中点连线和坝坡线平行的,如大朝山(见图 5-3)。这两种布置,何者为优,目前尚没有一定的标准。前者浇筑的混凝土工程量略小于后者,但相差不多;后者由于各级台阶的一半均突出坝坡线,坝面人工加糙的作用可能大些,但在宽尾墩—阶梯式坝面联合消能时,消能的主体是宽尾墩,阶梯式坝面追求的主要目标是在保证安全的前提下节约工程量和缩短施工关键工期所带来的显著效益,增进消能作用只是辅助目标。从模型试验观察到的水舌底部和台阶之间的流态来看,台阶端点连线和坝坡线重合的布置方案,水舌下面和台阶之间的三角体空间较大,有利于向水舌底部供气。

5.3.3　台阶的高度

台阶的高度一般取决于现浇混凝土或碾压混凝土每一浇筑层的高度。早期碾压混凝土坝分层碾压的立模方式是采用混凝土预制模板以界限每一浇筑层高度,一般每碾压一遍的高度为 30 cm,若每一层碾压 3 遍,则模板高度为 90 cm,以此类推。对于非溢流坝,预制混凝土模板不予拆除,但是对于溢流坝则必须予以拆除,然后立模浇筑成光滑溢流面,这种工序一方面费工费钱,另一方面拖长了作为主体工程的溢流坝的施工关键工期。随着宽尾墩—阶梯式坝面的联合运用,溢流坝段的预制混凝土模板就可以不必拆除,并且成为阶梯式坝面的一部分,福建水东溢流坝的宽尾墩—阶梯式坝面—戽式消力池联合消能工的阶梯式坝面就是按这种施工方法施工的,由于免去了拆除模板和重新立模浇筑等工序,可缩短施工期3个月,因而受到施工部门的欢迎。

近年来,碾压混凝土坝的施工已逐渐采用可周转使用的钢模板,这种立模方法是采用活动钢模板界限每一浇筑或碾压层的高度,对于这种立模方法,每一碾压层的高度比较灵活,根据不同的碾压遍数,层高也不同,目前最大层高可达到180 cm。正如上面已经指出的那样,台阶的高度越高,向水舌底部供气越充分,从而更有利于避免台阶面的空蚀,但是高度的增加不可太多,以免增加施工的难度。

5.3.4 抗冲磨问题

在高水头大流量的条件下,位于落差较高的台阶的水平段上,将承受宽尾墩三元收缩射流范围内底部水舌的局部附贴作用,该处脉动压力较大,因而台阶水平段有抗冲磨问题。工程上可以通过提高混凝土强度等级予以解决,必要时应在水平段水舌通过的宽度(按宽尾墩闸孔出口宽度)范围内水平台阶的表面布设钢筋,布设起始台阶的位置以底部流速 $v_d > 20$ m/s 为宜,即落差在30 m以下的台阶均可布设,无水区则不必布设。此外,对该部位台阶的水平段,其混凝土的强度等级应予以提高。特别值得提出的是,根据前能源部、水利部碾压混凝土坝筑坝推广领导小组在《碾压混凝土坝—设计与施工》一书中介绍,碾压混凝土的抗冲磨强度高于常态混凝土30%~50%,因而阶梯式坝面对于碾压混凝土溢流坝更为有利。此外,每一台阶的水平面和垂直面形成的90°凸角,容易在高速水流的冲刷下或硬物的冲击和磨损下形成缺损,故应将凸角进行适当处理并加以改善。

5.4 工程运行实践经验

目前,已经投入运行的宽尾墩—阶梯式坝面联合消能工,有福建的水东水电站表孔溢流坝和云南澜沧江大朝山表孔溢流坝。

5.4.1 水东水电站表孔溢流坝宽尾墩—阶梯式坝面—消力池联合消能工运行经验

该工程于1991年4月开工,1994年3月第一台机组投产,1994年5月1~3日经历了一场近百年一遇洪水考验,最大来水量5 802 m³/s,洪水来临时,4个表孔淌开泄洪,最大下泄流量5 397 m³/s,宽尾墩闸孔出口单宽流量204 m³/(s·m),入池单宽流量78 m³/(s·m);最高库水位达143.29 m,超过百年一遇设计洪水位(143.0 m高程)。对洪水过程进行的录像观测表明,宽尾墩戽式消力池的流态总体上与模型试验相似,新型消能工消能效果令人十分满意。

洪水过后,首先对正常水位以上的溢流面,特别是对阶梯式溢流面进行详细的检查,发现台阶基本上完好无损,仅宽尾墩闸孔出口处的溢流面头几个台阶的混凝土勾缝出现局部损坏,但越向下,这种勾缝损坏的现象越少。这种情况说明在采用预制块的阶梯坝面,水上部分的台阶受水舌底部的冲刷较大。今后对预制块之间的勾缝、锚固等技术措施的施工质量应该保证。水下部分台阶,由于水舌在戽池水垫迅速扩散,水舌底部的流速迅速衰减,台阶预制块承受水流的冲击作用大为减弱,故台阶不易损坏。经潜水员水下检查,仅在 100 m 高程处的阶梯面上发现一个小的缺口,估计是泄洪时池中水跃漩涡卷起的硬物冲击所致。其余部位均未发现损坏。

水东的宽尾墩—阶梯式坝面泄洪的实践经验表明,阶梯式溢流坝面和宽尾墩相结合的联合运用是成功的,出现的问题只是局部的和轻微的,而且大部分和用预制块形成阶梯面有关,当采取钢模板之后,台阶成为坝体的一部分,整体性大大加强,上述问题已不复存在。但是在高水头的条件下,水面以上位于高落差的台阶与宽尾墩三元水舌接触的水平段部位,对它的强度及抗冲磨问题应予以重视,特别是施工的质量必须予以保证。

5.4.2 大朝山溢流坝表孔宽尾墩—阶梯式坝面—戽式消力池联合消能工运行经验

5.4.2.1 原型观测概况

2002 年 6 月 20 日,委托中国水利水电科学研究院水力学所,对大朝山溢流坝表孔宽尾墩—阶梯式坝面泄洪消能实施了原型观测,重点是台阶坝面的水力特性。观测时库水位 899.0 m,达到了设计(正常)水位,工作水头约 66 m,单宽流量达 165 m³/(s·m),事后进行全面检查,台阶完好无损,各项水力指标均达到了预期目标。原观期间,联合消能工泄洪情景见图 5-11。

图 5-11　大朝山溢流坝表孔宽尾墩—阶梯式坝面—戽式消力池联合消能工泄洪情景

根据模型试验成果,选择台阶式坝面的第 15 号、21 号、26 号和 30 号 4 个台阶,沿闸孔中心线将台阶用混凝土填筑成 1:0.7 的斜面(宽约 1.0 m),在斜面上安装高 15 cm 的三点底流速仪,可测量距斜面 3 cm、8 cm、12 cm 3 个点的流速;在底流速仪的左侧安装掺气浓度仪,用来测量掠过 1:0.7 台阶斜面的底部水流掺气浓度;在每一级填筑斜面的右侧台阶面上,距台阶边缘 28 cm 左右处安装压力传感器,用来测量台阶面的动水冲击压力及其脉动。

原型观测的主要水力参数见表 5-6。观测时的库水位为 899.0 m,为大坝的设计水位

（相当于 500 年一遇洪水位）。此时，堰顶以上水头为 17.0 m，3#表孔全开的单孔泄量为 2 000 m³/s，按闸孔宽 14.0 m 计，其单宽流量达 143 m³/(s·m)，上、下游水位落差近 70 m，观测时的最大泄量达 6 173 m³/s。就表孔单孔泄量、单宽流量和泄流规模而论，在国内外同类原型观测中是不多见的。

5.4.2.2　主要观测成果

（1）图 5-12 为沿程 4 个台阶（15#、21#、26#、30#）面上的流速和掺气浓度分布观测成果。

由图 5-12(a) 的流速分布图可见，在最上面的 15#和最下面的 30#台阶之间 15 m 落差范围内，距底部 12 cm 处的流速值沿程呈加大的趋势，这是合理的；而靠近斜面底部 3 cm 和 8 cm 点的流速值却无明显增大趋势，表明出宽尾墩的底缘水流分散掺气，紊动剧烈，加之受台阶阻截，损失加大，故而不会像清水自由跌落水流那样沿程加速。

图 5-12(b) 为沿程 4 个台阶（15#、21#、26#、30#）面上的掺气浓度分布。由图 5-12 可见，掺气浓度值 C 很高且沿程大幅度增加，从第 15#台阶的 $C=35.5\%$ 到 26#台阶增至 $C=65.1\%$，可见水舌底缘水流的掺气程度沿程加剧，逐渐成为高掺气浓度的水气混合流。台阶斜面上高掺气浓度的水气混合流与图 5-12(a) 中靠近斜面处的流速沿程无明显增大的现象是相对应的。第 30#台阶上的 C 值较 26#台阶的变小，可能是因为在泄流时 30 号台阶已位于水下，受收缩射流入水冲击影响，部分空气变成水雾升腾，导致掺气浓度降低。

表 5-6　原型观测主要水力参数

工况	库水位 H(m)	孔口开启组合	堰顶水头 (m)	流量 (m³/s)	表孔单宽流量 (m³/s)	消能区及下游水位(模型)				右岸下 0+220
						消能区 H_2(m)	$Z_1=H-H_2$(m)	下 0+650 H_3(m)	$Z_2=H-H_3$	水位(原型)(m)
1	899.0	3#表孔全开,2#4#表孔全开6	17	3 896	143.0	833.0	66.0	829.0	70.0	835.06
2	899.0	2#、3#底孔冲砂孔全开	17	4 613		832.0	67.0	829.5	69.5	835.83
3	899.0	3#表孔全开,1#、3#底孔全开	17	6 173	143.0	833.5	65.5	831.5	67.5	837.98

注：受下游河道转弯及水舌落点影响，消能区中部水位明显低于右岸。

（2）由表 5-7 可见，原型观测台阶面 15#、21#、26#、30#所测得到时均压力为 0.2~0.3 m 水柱，但其瞬时最大值为时均值的 10 倍左右。

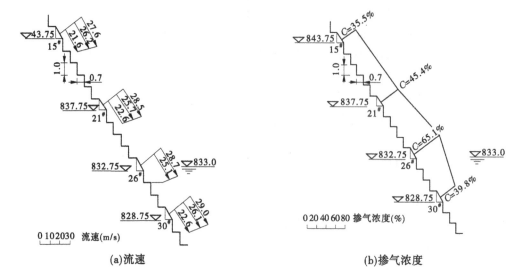

(a)流速　　　　　　　　　　　　(b)掺气浓度

图 5-12　沿程 4 个台阶面上的一组观测结果

表 5-7　台阶面的压力原型实测值

台阶编号	原型观测值				模型值	说明
	时均值（m）	最大值（m）	最小值（m）	均方根（m）	时均值（m）	
15	0.2	3.12	−0.21	0.196	5.0	原型压力传感器距台阶边缘0.28 m,而模型测孔距台阶边缘约0.15 m
21	0.312	2.31	−0.42	0.278	11.0	
26	0.193	1.95	−0.34	0.195	0.86	
30	0.315	2.80	−0.39	0.318	1.96	

　　由表 5-7 中的脉动压力的观测成果可见,其均方根值已接近时均压力值,且瞬时最小压力为-0.2~-0.4 m 水柱,足见在台阶处水流紊动掺混之剧烈。从原型上见到,在水舌下缘处有往里吸卷水雾的现象。分析表明,原型的压力变化,从 15# 点到 30# 点呈大小相间的变化,与前述模型中的变化规律相一致,显示出陡坡台阶上动水冲击压力的分布特点。但在时均压力的数量级上,原型值明显小于模型值。究其原因可能是原型压力传感器距台阶边缘约 28 cm,而模型距台阶边缘约 15 cm;另外,原型为高浓度的水气混合流,估计其冲击压力应较清水为小。

　　(3)此次观测 3# 表孔在全开状态下累计过水约 4 h。经停水检查,所有观测仪器完好无损,台阶坝面无任何冲蚀发生。由于出宽尾墩收缩射流的底宽约 5.5 m,泄洪过后,在这个主流通过的宽度范围内,坝面被冲刷得干干净净,露出混凝土的本色,而坝面无水区原有的青苔依旧存在。同时可见到,在主流过水宽度范围内,台阶垂直面上的青苔也依然存在。

5.4.2.3　结论和评价

　　2002 年 6 月 20 日开展的水力学原型观测,取得了设计、科研和原型运行实践全过程的完整成果。

（1）宽尾墩和台阶式坝面的联合消能的构想，是通过宽尾墩后的收缩射流和台阶坝面连续跌坎的接触，对掠过台阶面的水舌下缘的阻截产生水力摩阻，以及被阻截水流向台阶两侧的分流，从而产生附加消能。台阶面提供了从水舌两侧无水区向台阶面的通气条件，改善和强化了原光滑坝面的掺气条件，为台阶免遭空蚀创造了有利条件。实践证明，台阶起到了对掠过台阶处的水流流速的消减作用，且其值不随落差的增加而增大，加之高浓度的掺气，可以有效地减免水流对台阶混凝土的空蚀。所以，为适应高水头、大单宽流量 RCC 坝泄洪条件而提出的宽尾墩和台阶式坝面的联合消能新技术得到验证。

（2）大朝山水库为河道型水库，其汛期的泄洪特点为常遇洪水运行较多，属小单宽流量泄流，而台阶坝面对中小流量的消能较光滑坝面更为充分可靠。对于稀遇的设计、校核洪水，宽尾墩、台阶式坝面联合消能工，可有效减少底部流速并形成高浓度掺气水流，可以保证泄洪的安全。

（3）RCC 溢流坝采用台阶式坝面，是宽尾墩与 RCC 分层通仓碾压施工特点相结合的产物，其出发点是在不改变宽尾墩、戽式消力池消能工泄流特点的基础上，以简化施工节省工程量、加快施工进度和缩短工期为目的。溢流坝台阶是在大坝混凝土碾上升过程中随之形成的，仅在台阶部分改为 R200 号变态混凝土，无须任何辅助措施。本研究提供了设计、施工有效结合的完整成果。

（4）原型观测成果证实了，在百米级以上的高坝、大单宽流量 [观测时 $q = 143$ m³/(s·m)] 条件下，经过精心设计研究的宽尾墩台阶式坝面联合消能工是成功的。这一成果不仅对大朝山水电站达到世界先进水平的筑坝技术充实了新的内容，更是向国内乃至世界提供了在百米级以上高坝、大单宽流量 RCC 坝的新的成功实例。

（5）宽尾墩、台阶式坝面，为掠过台阶坝面的收缩射流的水舌下缘，提供了突扩、连续坎的掺气减蚀条件，原型观测所提供的高掺气浓度，且沿程增加，是前所未见的，为台阶避免空蚀风险提供了可靠的保障。这一物理现象是模型试验乃至减压试验所无法展现或模拟的。

（6）本工程溢流坝水流进入戽池的流速估计为 30~35 m/s，在距库水位 70 m 的 30 号台阶处原型实测的流速达 29 m/s；而重要的是靠近台阶表面 3~8 cm 处的流速沿程并无明显增大，这一特点与台阶式溢洪道模型试验成果一致。据此可以预见，当坝高超过大朝山的 111 m 时，例如坝高为 130 m 甚至 150 m，这种联合消能工应该是可以应用的。因此，本研究所提供的成果，是百米级以上高坝、大单宽流量 RCC 坝坝工设计的新创意，对RCC 坝及常态混凝土坝具有重要的工程实用价值和广阔的推广应用前景。

第 6 章　宽尾墩—挑流联合消能工

6.1　工程背景

6.1.1　潘家口的宽尾墩—挑流联合消能工

潘家口的宽尾墩—挑流联合消能工,开创了宽尾墩的堰顶收缩射流技术在大型水利水电工程实践中应用的先例。

潘家口水库是华北滦河干流上的一个大型水利枢纽。控制流域面积 33 700 km², 总库容 30 亿 m³, 枢纽设计洪水标准及调洪成果如表 6-1 所示。

表 6-1　潘家口枢纽洪水标准及调洪成果

泄洪标准	保坝	校核 ($P=0.02\%$)	设计 ($P=0.1\%$)	500 年一遇 ($P=0.2\%$)	汛期
下泄总流量(m³/s)	57 500	43 300	31 600	28 200	10 000
上游库水位(m)	230.35	227.03	223.70	222.70	215.80
下游尾水位(m)	158.5	155.8	152.80	151.80	147.50

注:下游尾水位为坝下 350 m 大沟口水位。

溢流坝为混凝土宽缝重力坝,最大坝高 103 m。枢纽的泄水建筑物包括 18 个表孔溢流坝(左 11 孔、右 7 孔)和位于溢流坝两侧的 4 个 4 m×6 m 的泄水底孔。溢流坝表孔净宽 15 m,闸墩宽 3 m,堰顶高程 210 m,设 15 m×15 m 的弧形工作门一扇。溢流堰曲线为WES 型。该工程泄量较大(见表 6-1),下游左岸河滩岩石为角闪斜片麻岩,风化较严重,节理发育,节理切割块体 20~40 cm,抗冲刷能力低,而且存在断层和破碎带,下游消能防冲较为困难。

表孔采用连续式鼻坎挑流消能,在 1:125 和 1:150 整体动床水工模型试验中,原平尾墩方案除挑射水流引起河床冲刷外,主流偏向右侧河道,水面左高右低,横向水位差达 5 m 以上。左侧的强大回流流速可达 10 m/s,淘刷坝脚,对大坝安全造成威胁。为解决上述问题,在下游增设导墙、丁坝,以及松动爆破疏导水流等技术措施,都未见明显效果。选用宽尾墩—挑流联合消能工(剖面图见图 6-1),并对挑坎的参数进行优化,收到良好效果。

6.1.2　隔河岩的宽尾墩—挑(跌)流水垫塘联合消能工

隔河岩的宽尾墩—挑(跌)流水垫塘联合消能工,是宽尾墩技术应用于高拱坝水垫塘泄洪消能的第一个工程实例。

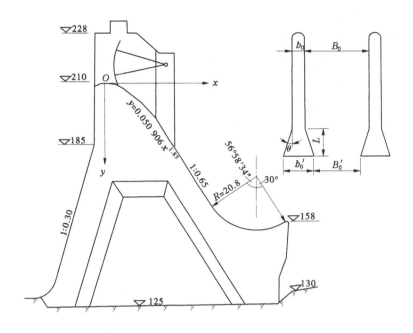

图 6-1　潘家口宽尾墩挑流消能工溢流坝断面图

隔河岩水电站是湖北清江干流上的一个大型水利枢纽,采用重力拱坝坝身溢洪,最大坝高 151 m。枢纽的泄洪建筑物包括 7 个 12 m×18.2 m 的溢流表孔,4 个 4.5 m×6.5 m 的下弯式深孔。另有 2 个放空排砂底孔不参与泄洪。各特征水位条件下的泄洪消能指标如表 6-2 所示。

表 6-2　隔河岩枢纽各特征水位条件下泄洪消能指标

洪水频率 （%）	枢纽总 下泄流量 （m³/s）	上游库水位 （m）	下游水位 （m）	溢洪道流量（m³/s）			入水单 宽流量 ［m³/ (s·m)］	入水单 宽功率 （MW/m）
				溢流坝 Q_W	深孔 Q_b	合计 Q_S		
0.01	23 458	204.88	99.80	19 405	4 053	23 458	187.66	19.32
0.1	21 668	202.83	98.58	16 673	3 995	20 668	165.34	16.89
1	13 000	201.83	92.25	8 033	3 967	12 000	96.0	10.31

由于左岸为升船机,右岸为电站,所有泄洪建筑物只能在坝体上布置,全部洪水只能由河床宣泄,而入水宽仅 125 m 左右;其消能区均位于抗冲能力较低的石牌页岩区(抗冲流速仅 3.5 m/s);而且由于拱坝泄洪的向心流,入水局部单宽流量加大。因此,枢纽的消能防冲设计的难度很大,采用常规的消能工难以解决其泄洪消能问题。经过多年的研究和试验,最终选择的泄洪消能方案为:7 个表孔为宽尾墩挑流联合消能工,4 个深孔为窄缝,2 个排砂底孔为扭曲异型鼻坎,下游采用全衬护水垫塘,见图 6-2。表孔宽尾墩体型和

深孔窄缝体型示意图如图6-5所示,闸墩头部宽度为12.0 m,伸出上游坝面12.5 m,2#~6#表孔为不对称宽尾墩,宽尾墩出口宽3 m,收缩比0.25。各宽尾墩出口均为锐角,各孔水舌均以跌流形式进入水垫塘,故其本质仍然属于负角挑流,故仍归结为宽尾墩—挑流联合消能工。隔河岩超泄洪水15 000 m³/s左右。通过泄洪时的原型观测,特别是1996年7月4日泄洪时,组织了全面的观测,结果表明:各泄洪孔溢流水舌的形态和轨迹基本上与模型试验相似,水垫塘内水流掺气充分,消能效果良好。

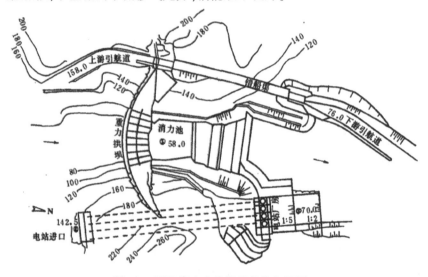

图6-2 隔河岩水电站枢纽总体布置图

6.2 宽尾墩—挑流联合消能工的试验研究

6.2.1 潘家口宽尾墩—挑流联合消能工的试验

6.2.1.1 坝面流态特征及消能机制

潘家口的宽尾墩—挑流联合消能工,作为第一个应用宽尾墩堰顶收缩射流技术的大型水利水电工程,进行了大量的试验研究。先后进行了1:125和1:150整体动床水工模型试验和1:90的断面模型试验。

根据1:90断面水工模型试验,最终选用矩形宽尾墩(见图1-2基本型),基本几何参数如下:闸孔原宽度$B_0=15$ m,闸墩宽$c=3$ m,墩尾收缩后的闸孔宽$b_0=10$ m,墩尾净扩宽$2×2.5$ m,墩尾的总宽度为8 m,宽尾墩长(收缩起点到闸墩尾部的距离)$L=7.5$ m,则:

闸孔收缩比 $\varepsilon=b_0/B_0=0.667$

闸孔收缩率 $\xi×100\%=(1-b_0/B_0)×100\%=33.3\%$

墩体收缩角 $\theta=\tan^{-1}[(B_0-b_0)/2L]=18°26'07''$

试验表明,宽尾墩溢流坝坝面流态和平尾墩有显著不同,其特点是:

(1)闸室内的水流在进入闸墩收缩段后,水面逐渐壅高,贴墩壁的水面比闸孔中部水面壅高更大,壅高的大小随着宽尾墩的收缩比和流量的不同而异。

（2）宽尾墩的起点一般位于堰顶的急流区，因而从该处水流表面发展出左、右两支冲击波形成的水翅，由于两支水翅向中间折叠和卷吸，从水翅和竖向收缩射流交汇处开始以下形成一袋形空腔（见图 1-3）；并在下泄水舌表面交汇，从而激起巨大水冠。

（3）水流在接近墩尾时，原来闸室内扁平的"一"字形溢流水舌被宽尾墩横向收缩成窄而高的、竖向扩展为"1"字形的三元溢流水舌沿坝面下泄；各孔出闸水流形成各自独立的、窄而高的收缩射流沿坝面下泄。

（4）溢流水舌除底部与坝面接触外，形成了 3 个自由面，顶部的自由面由于两支水翅而呈 V 形，使出闸室后的三元水舌呈类似 Y 形，收缩射流水舌的宽度界限在宽尾墩闸孔出口宽度之内，并使宽尾墩后和水舌两侧坝面形成面积较大的无水区。

（5）沿坝面下泄的窄而高的水舌在反弧段受重力及离心力的作用下急剧坦化并扩散，使得各孔水舌相互交汇，激起较高的水冠，并在鼻坎处形成高低相间的挑流水舌，出坎的挑流水舌发生自然分层而形成差动。

以上流态可参见图 6-3。

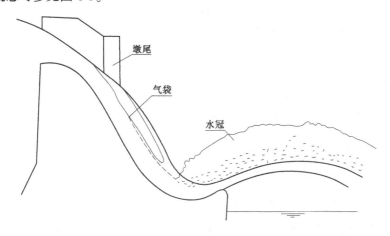

图 6-3　潘家口宽尾墩挑流联合消能工溢流坝断面模型流态

上述宽尾墩—挑流联合消能流态的特点，说明宽尾墩—挑流联合消能工使挑流鼻坎上的水流发生自然分层并形成差动水流，有差动式鼻坎挑流的流动特征（参见图 6-4）。因为水冠的自然分散，并在空中掺混和掺气，从而增加消能效果，故比常规的差动鼻坎更为有利。由于这种差动水流是由宽尾墩水流结构变化而产生的，故它也没有常规的差动鼻坎可能存在的在高水头、大单宽流量条件下产生空化、空蚀问题，对于高坝泄洪更为有利。

6.2.1.2　下游冲刷及消能效果

宽尾墩的消能效果可以通过下游的冲刷试验来确定，通过模型对比试验，挑坎处的单宽流量由平尾墩的 80 m³/（s·m）增至 210 m³/（s·m）（宽尾墩），宽尾墩—挑流联合消能工较单纯的平尾墩挑流消能工有明显增进消能的效果：

（1）坝下冲坑深度由平尾墩的 41.8~61.5 m 减少为 35.8~52.5 m，这意味着采用宽尾墩时，冲坑最大深度分别减少 5~9 m，而且流量越大，减少越多。

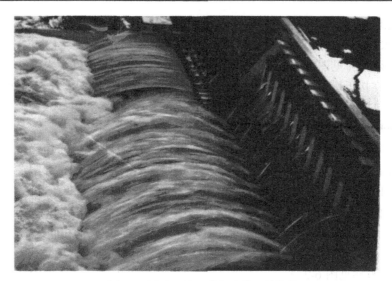

图 6-4　潘家口宽尾墩—挑流联合消能工整体模型试验

[常规溢流坝面(远)和宽尾墩溢流坝面(近)溢流坝面流态对比]

(2)冲坑最深点的位置有向下游推移的趋势,各级洪水,自 500 年一遇至保坝洪水,宽尾墩比平尾墩的冲坑最深点的距离分别下移 8~36 m,而且随着流量的增大而且增大,冲坑的起点也下移 6~10 m,对大坝更为安全。

从上述试验情况来看,宽尾墩—挑流联合消能工出鼻坎的挑流水舌有更充分的扩散和掺气。

但由于潘家口是国内在大型工程中首次尝试采用宽尾墩,对它的消能效果有一个认识过程,因而只在右边 7 表孔中最靠右的 3 个表孔采用宽尾墩。即使如此,模型试验表明,宽尾墩仍减少了对右岸的冲刷及左岸的回流。

6.2.2　隔河岩宽尾墩–挑(跌)流水垫塘联合消能工的试验研究

隔河岩溢流重力拱坝位于河床中央,溢流前缘长度约 188 m,采用表孔、深孔和底孔相间布置。坝顶设 7 个表孔(宽 12.0 m×高 18.2 m),堰顶高程 181.8 m,堰型为 WES 标准剖面,闸墩尾部设不对称宽尾墩,窄宽比为 0.25,即在 200 m 水平长度内,溢流宽度由120 m 收缩至 30 m。中层设 4 个深孔,进口底板高程 134 m,进口断面尺寸为 6.1 m×10.6m,出口断面尺寸为 4.5 m×6.5 m,深孔体型是下弯式全压型方洞,有压段长约 36 m;其后接长 2 m 左右的明流泄槽段。在 95 m 高程上布置 2 个平底式全压型放空底孔,出口消能工为"曲面贴角底板下弯式扭鼻坎"。上述泄洪布置和坝下水垫塘组成联合式消能工。工程布置参见图 6-2、图 6-5。

隔河岩工程最大泄洪量为 23 900 m³/ s,最大水头为 104.7 m,最大单宽泄洪功率为196 MW/m。消能区位于岩性软弱、两岸风化较深的石牌页岩河段,抗冲能力较低。由于采用拱坝坝身泄洪方式,泄流会向着拱坝坝轴线圆弧的圆心方向集中,造成单宽流量沿河宽方向分布的极端不均匀性,使其调整均匀的难度较大。此外,水垫塘受到已施工的下游横向围堰的限制,无法向下游延伸,还受到其他地形、地质条件的影响,水垫塘限制为长

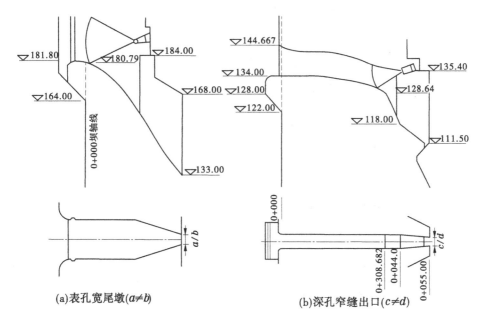

(a)表孔宽尾墩(a≠b)　　　　　　　　(b)深孔窄缝出口(c≠d)

图 6-5　隔河岩水电站枢纽表孔宽尾墩体型和深孔窄缝体型示意图　（单位:m）

154 m、宽 125 m,且不对称,中心线右侧较左侧宽 20 余 m;由于拱坝坝肩结构需要，在池首两侧设置抗力凸体,为减少边坡开挖，池尾右侧有一部分页岩伸进水垫塘内。上述问题无疑增加了隔河岩泄洪消能工程的技术难度。

长江科学院对隔河岩水力枢纽的泄洪消能问题进行了大量的研究,通过包括 1:58 大比尺整体水工模型试验的多种比尺的水工模型试验,决定表孔采用宽尾墩—挑(跌)流—水垫塘联合消能工方案和深孔采用窄缝挑流消能工作为泄洪消能形式,较好地解决了隔河岩的泄洪布置和消能防冲这一重大的技术难题。

表孔体型优化研究系统地比较了对称宽尾墩与非对称宽尾墩、不同宽尾墩收缩比、堰面挑坎设置和宽尾墩出口断面形式等的水力特性和冲刷特性。特别针对表孔水舌形态不稳、水冠弯曲、左右摆动及 2 个边孔(1#表孔和 7#表孔)水舌水翅击打水垫塘两岸高程 100 m 以上岸坡的现象,进行了系列多方案的优化试验研究。

首先,由于宽尾墩是通过闸墩侧壁的收缩,形成三维收缩射流的,虽然能迫使水舌沿纵向充分扩散,增大空中能耗和入水面积,以减小水垫塘护坦单位面积的冲击荷载;然而拱坝表孔泄洪时水流具有向心集中,存在入池单宽功率太大和冲击区过分集中等问题。解决问题的思路是采用对称加不对称宽尾墩的布置形式,它既具有扩散水舌的功能,又可以调整射流水舌的轨迹和方向,从根本上解决了拱坝表孔泄洪时水流向心集中、入池单宽功率太大和冲击区过分集中等问题。在此前提下,系统地比较了在不对称宽尾墩的不同收缩比条件下,对护坦压力(包括脉动压力)、池内流态、下游冲刷、流速分布的影响。在护坦已经浇筑完毕的前提下,设计最终选用宽尾墩的收缩比 $\varepsilon = 0.25$,这是迄今为止在实际工程中采用的最小收缩比。1#~7#表孔宽尾墩的主要体型参数如表 6-3 所示。

表 6-3　$1^{\#} \sim 7^{\#}$ 表孔宽尾墩的主要体型参数

编号	出口宽度 b_0(m)	收缩比 $\varepsilon(b_0/B_0)$	右半边宽尾墩			左半边宽尾墩		
			在横缝处投影的墩长 L_r(m)	墩尾扩宽宽度 B_r(m)	扩散角度 θ_r(°)	在横缝处投影的墩长 L_r(m)	墩尾扩宽宽度 B_r(m)	扩散角度 θ_r(°)
$1^{\#}$	3.0	0.25	20.0	3.1	8.811	25.0	5.9	—
$2^{\#}$	3.0	0.25	20.0	3.5	9.926	20.0	5.5	15.376
$3^{\#}$	3.0	0.25	20.0	4.5	12.680	20.0	4.5	12.680
$4^{\#}$	3.0	0.25	20.0	4.5	12.680	20.0	4.5	12.680
$5^{\#}$	3.0	0.25	20.0	4.5	12.680	20.0	4.5	12.680
$6^{\#}$	3.0	0.25	20.0	5.3	14.842	20.0	3.7	10.481
$7^{\#}$	3.0	0.25	20.0	$5.9 R_7, \theta_7$	-20.0	20.0	3.1	8.811

注：$1^{\#}$孔左边墙、$7^{\#}$孔右边墙分别以半径 R、转角 θ 向右、向左转与圆弧相切，$R_1 = 47.4505$ m，$\theta_1 = 19.14°$；$R_7 = 55.3927$ m，$\theta_7 = 16.436°$。

　　其次，拱坝表孔堰顶设计水头为 18.2 m，闸墩长度和溢流面长度一致。因此，闸室水舌经宽尾墩约束后，溢流面水舌宽度沿程减少，而水深则沿程增大，至宽尾墩出口——也是表孔溢流面末端——水面较平尾墩增加了 2~3 倍（参见图 6-6），故水舌出射角度不大，水股集中射入水垫塘首部约 1/3 区段内，这种近似底流式的挑流消能，不仅水垫塘中流态恶化，而且护坦前后压差较大。因此，在表孔宽尾墩出口附近加设了一个斜面直挑坎（坎顶起点高程 133.0 m），使溢流堰出口的水流成为跌流，这样既简化了坝体与水垫塘首部的连接，又把水舌挑离了坝面，避免了冲击坎脚和拱座反向受力。

　　选定方案表孔的泄流能力，当库水位从 190.24 m 升至 202.73 m 时，单孔泄量由 547.7 m³/s 增至 2 381 m³/s，对应的流量系数从 0.420 增到 0.468。新型的不对称宽尾墩虽然形成三维收缩射流，但较之平尾墩，其泄量并无明显区别。表孔溢流坝面的压力分布，在边界条件相同的情况下，孔中心线测点压力与库水位及闸门运行工况有关。不同收缩比时，影响坝面压力变化的范围基本上局限在收缩段内，距离始扩断面 6 m 以上的测点其压力值并无明显变化，宽尾墩收缩段内的坝面压力，在同一体型和同一库水位及相同测点条件下，宽尾墩对称布置的 $4^{\#}$ 中间表孔的收缩比 $\varepsilon = 0.25$ 时要比 $\varepsilon = 0.30$ 时压力大 15~50 kPa，比 $\varepsilon = 0.45$ 时大 100~140 kPa；不对称布置的 $1^{\#}$、$7^{\#}$ 表孔，$\varepsilon = 0.25$ 时要比 $\varepsilon = 0.30$ 时大 20~70 kPa，比 $\varepsilon = 0.45$ 时要大 108~133 kPa。出口反弧挑坎顶点（桩号 0+046，高 133.0 m）压力值较为稳定，其值在 50~70 kPa 变化。宽尾墩体型（对称与非对称，ε 值大小）与闸门运行方式对其压力值的影响并不显著。从图 6-6 可见，在收缩段内，无负压出现；坝轴线下游局部范围出现负压，其值随库水位升高而增大，在洪水频率 0.1%

条件下,最大负压值为-18 kPa,最小泄流空化数为0.4。

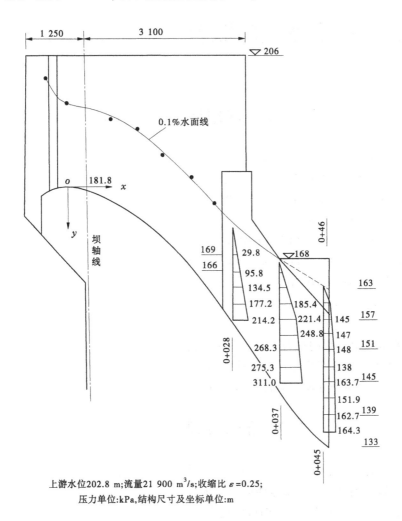

上游水位202.8 m;流量21 900 m³/s;收缩比 ε=0.25;
压力单位:kPa,结构尺寸及坐标单位:m

图 6-6　1#表孔宽尾墩溢流坝水力特性

第7章　关于宽尾墩联合消能工的几个技术问题

7.1　宽尾墩体型问题

宽尾墩体型(参见图 1-2)包括以下几种:

(1)基本体型:扩宽闸墩的混凝土三角体成楔状(潘家口)。

(2)Y 型Ⅰ:扩宽闸墩的混凝土楔状三角体上部被切去,但收缩起点的墩体保留一定高度 h(五强溪、岩滩、百色等)。

(3)Y 型Ⅱ:扩宽闸墩的混凝土楔状三角体上部被切去,但 $h=0$(安康)。

宽尾墩的体型参数,根据目前对各项工程的试验研究,实际应用推荐如下:

(1)闸孔收缩比:$\varepsilon = 0.30 \sim 0.50$。

(2)闸孔收缩率:$\xi = 70\% \sim 50\%$。

(3)墩体收缩角:$\theta = 18° \sim 20°$。

由于水利水电工程的水力条件不尽相同,目前对体型选择的优化暂不能根据计算确定,最终仍然要依据水工模型试验优选。对于宽尾墩与挑流的联合运用,一般以矩形宽尾墩为宜,对于宽尾墩与底流、戽流的联合运用,一般以 Y 型宽尾墩为宜。

7.2　流量系数降低问题

在某些条件下,宽尾墩的设置将使原平尾墩溢流坝的流量系数略有降低。这是因为宽尾墩的设置将抬高闸室内溢流堰面的动水压力,如果碰到这种情况,可以适当把坝顶溢流面的 WES 曲线改"瘦"。一方面可以提高流量系数,另一方面可减少工程量,五强溪就是这样做的。

7.3　限制条件问题

宽尾墩与底流、戽流联合运用时,当下游水深过低时,会出现涌浪—远驱水跃和涌浪—附贴挑流的流态。由于涌浪发生在消力池或戽池内,流态恶劣,可能对底板产生有害的动水荷载。因此,在下游水位过低时,应避免宽尾墩消力池或宽尾墩戽池的强迫过水运行,或经论证方可运行,特别是应避免仅有个别孔进行全开运行。

7.4　脉动压力及流激振动问题

宽尾墩无论是与挑流、底流或戽流联合运行,都有相邻各孔三元收缩射流在反弧坦化、交汇和碰撞的过程，前者是在空气中，后者是在水中。因此，都会在一定程度上增加反弧段坝面和消力池首部的动水压力。若为溢流式厂房，厂顶的脉动压力对厂房的动力影响应予以论证，但经过反弧末端一段距离之后，脉动压力迅速衰减以及池内水面上升，动水压力与脉动压力的综合作用一般不会对底板稳定产生不利影响，而且可能比平尾墩更为有利。关于墩体的流激振动问题，由于宽尾墩有增强闸墩刚度的作用，对于大型弧门支铰的预应力锚索的布置有利，并且在过流时不会产生有害的流激振动，这已为岩滩的原型观测所证实。

7.5　雾化问题

直观上，宽尾墩挑流联合消能工对下游的雾化可能比一般挑流消能工增强，但二者没有本质的差别，且射流在反弧交汇激起的水冠主要为雾滴型雾化，而不是溅水型雾化，因而考虑雾化给予工程的影响时，一般可按常规平尾墩挑流消能工同等考虑。宽尾墩与消力池、戽式消力池的联合运用，在收缩射流进入水垫部位，激起涌浪并有较强雾化。但据岩滩表孔泄洪时的原型观测，射流前部激起的暴雨雾化较小，而以雾滴型雾化为主，并与传统的平尾墩底流或戽流基本相同。因此，可以认为宽尾墩与消力池或戽式消力池的联合运用，整体上仍保持原来传统型底流或戽流消能工的雾化程度，而不致带来附加的不利影响。

7.6　消力池底板设计

宽尾墩—消力池(含戽式消力池)联合消能工，一般工作水头较高，曾有个别工程(安康、五强溪、景洪)发生从反弧末端下游开始的消力池底板表面 1.0 m 厚的抗冲耐磨层"揭皮"事故。其原因可分析如下：

(1)一般消力池底板都是从反弧末端开始的，因此反弧末端和第一排消力池底板之间存在一条结构分缝，该处曲率突变，其上游曲率为反弧半径 R，下游底板曲率则为无穷大，底板分缝处底板曲率不连续，形成动水压力突变区，该结构分缝上游为反弧离心力高压区，下游为尾水水深控制的动水压力低压区，一旦分缝处止水局部破坏，其上游的高压将"钻"入其下游底板，造成破坏。

(2)一般消力池底板的厚度都在 4.0 m 以上，采用分层浇筑，其表层为厚度仅 1.0 m 的抗冲耐磨层，一旦反弧末端有个别板块的止水局部出现问题，在反弧高动水压力作用下，厚度仅 1.0 m 的抗冲耐磨层极易失稳，一旦有个别抗冲耐磨层被冲毁，高速水流必将直接冲击其下游板块，导致连锁反应，从而发生大面积"揭皮"事故。

基于以上原因，对于高水头消力池反弧末端下游的第一排消力池底板，在设计和施工时，应保证其表面的抗冲耐磨层和底层之间的整体性。此外，反弧末端的水力条件十分复杂，它和其下游的第一排消力池底板之间，如果存在结构分缝，一旦缝间止水局部破坏，极易发生底板失稳，建议在条件许可时，取消该分缝。

下篇　窄缝挑坎消能工

第 8 章 概 述

8.1 窄缝挑坎消能工的发展现状

在泄槽溢洪道、泄洪洞或底孔的末端设置挑流消能工，工程量小、投资少，是高坝大流量泄洪建筑物常用的一种消能方式。传统对挑流鼻坎的设计，以尽量减小出坎单宽流量为目标，认为出坎单宽流量越小，入水单宽流量越小，下游冲刷也越小，因而挑流鼻坎的宽度往往和泄水建筑物出口等宽或扩宽。窄缝挑坎（简称窄缝）通过把溢洪道或隧洞的边墙的急骤收缩，使出口过水宽度大大小于槽身宽度，形成所谓窄缝，使通过出口的挑流水舌，由原来的以横向扩散为主，改变为以竖向和纵向扩散为主，水舌在空中形成薄扇形（见图 8-9），大大增强水舌在空中的摩擦和掺气；而进入下游水垫时，入水水舌呈"一"字形，沿河道纵向拉开的长度几乎和挑坎上的水头相近，进入水垫后，呈三维紊动扩散状态，大大增加了水垫单位水体的消能率。窄缝挑坎的出现和发展，为狭窄河谷高坝、大流量泄水建筑物的挑流消能提供了新的模式。

窄缝挑坎通过把泄槽末端或隧洞出口边墙的急骤收缩，使出口的过水宽度缩小形成所谓的窄缝，使通过出口的挑流水舌在空中获得良好的竖向扩散和纵向扩散，以达到增进消能的目的。如果说宽尾墩是在堰顶闸室的出口形成三维收缩射流，则窄缝挑坎就是在溢洪道、隧洞或底孔的出口形成三维收缩射流，二者都是收缩式消能工。

国外的窄缝挑坎消能工在 20 世纪 60~70 年代有较大发展，大都用于修建在狭窄河谷的拱坝的岸边溢洪道，但从水头和泄量而言，均属中等规模。图 8-1 是西班牙阿尔门得拉（Almendla）拱坝岸边溢洪道出口的窄缝式消能工，图 8-2 是伊朗某拱坝溢洪道的窄缝式消能工。

图 8-1 西班牙阿尔门得拉（Almendla）拱坝岸边溢洪道的出口窄缝式消能工

图 8-2 伊朗某拱坝溢洪道的窄缝式消能工

第一座窄缝挑坎消能工出现于 1954 年建成的葡萄牙的卡勃利尔(Cablil)拱坝,该坝坝高 134 m,坝顶长 290 m,左、右岸各有一条泄洪洞。在正常水位下,每条洞泄量 1 100 m³/s。库水位进一步提高 2.3 m 时,两洞共可泄放 4 000 m³/s。隧洞为龙抬头式。斜洞段洞高 15 m、宽 8 m,并逐渐向圆形断面过渡。平洞段底坡 5%,断面直径 6.5 m,流速约为 25 m/s,隧洞出口扭曲并收缩成窄而高的窄缝挑坎。进入 20 世纪 60 年代,西班牙、法国、伊朗、南斯拉夫等国相继在挑流消能工中采用窄缝挑坎。如 1970 年西班牙建成的阿尔门德拉(Almendra)拱坝,坝高 202 m,顶长 567 m,在左岸结合重力墩设有 2 条溢洪道,进口尺寸为 15.0 m×12.50 m,弧门控制,总流量 3 000 m³/s,泄洪时堰顶最大水头 14 m,溢洪道挑坎以上水头 119 m,溢洪道沿程收缩,在约 190 m 长度内由进口宽 15 m 收缩至 5 m,在最后 10 余 m 时急剧收缩至 2.5 m,并分别转向 29°30′和 20°,溢洪道挑坎段侧墙呈弧形(见图 8-3),按以上资料推算,挑坎出口单宽流量达 600 m³/(s·m),出坝流速在 40 m/s 以上。

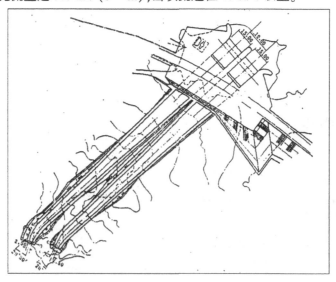

图 8-3 西班牙阿尔门得拉(Almendla)拱坝溢洪道的窄缝式消能工

西班牙的巴埃尔斯(Baells)双曲拱坝,高 97.35 m,左岸溢洪道由 3 个 6 m×5 m 弧门控制,进口宽约 22 m(除去两个闸墩净宽 18 m),在约 110 m 范围内由 22 m 收缩至 14 m,最后在约 30 m 范围急剧收缩至 3 m 左右并转弯,使挑射水流顺向河床,挑坎以上水头 60 m,最大泄量 650 m³/s,右岸泄水孔出口亦采用窄缝式挑坎(见图 8-4)。

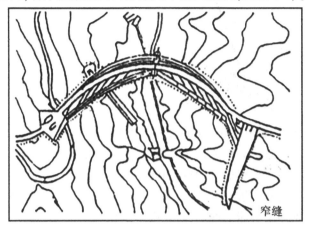

图 8-4 西班牙的巴埃尔斯(Baells)拱坝及窄缝式消能工

西班牙的贝莱萨尔(Belesar)双曲拱坝,高 129 m,坝顶长 410 m,右岸溢洪道为窄缝式,进口宽约 40 m,除去闸墩净宽 37 m,出口收缩至 8 m,出口断面呈梯形。左岸溢洪道为先收缩后扩散,两溢洪道总泄量约 4 000 m³/s,堰顶水头 10 m,出口挑坎近 0°,见图 8-5。

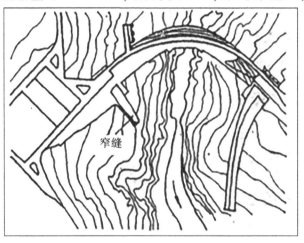

图 8-5 西班牙的贝莱萨尔(Belesar)双曲拱坝

西班牙的阿尔巴雷络斯(Albarellos)双曲拱坝,高 90 m,坝顶长 285 m。左岸溢洪道采用窄缝式,且挑坎出口内侧墙缩短,使水流向河道一侧扩散。堰顶水头 7 m,泄量 640 m³/s。1973 年建成的 Guadalteba-Guadalhorce 土石坝是由 2 个坝组成,坝高 83 m,坝顶长 789 m,Guadalteba 坝右岸设溢洪道,出口段略转一角度,挑坎为窄缝式,窄缝内设有一挑流齿坎,出口断面呈梯形,堰顶水头 8 m,泄量 2 120 m³/s,挑坎以上水头 42.7 m(见图 8-6)。

拱坝泄水孔接泄槽并采用窄缝式消能工的还有西班牙 1972 年建成的阿塔萨尔

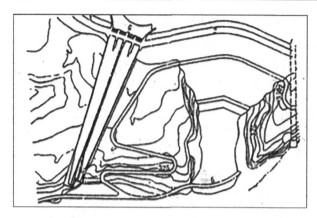

图 8-6　西班牙的 Guadalteba 土石坝右岸溢洪道的窄缝式消能工

（Atazar）双曲拱坝，坝高 134 m，坝顶长 484 m，右侧两个中孔出坝后外接泄槽，泄槽末端转弯并形成窄缝，出口断面呈矩形，总泄量 500 m³/s。

　　伊朗 1962 年建成的阿米尔·卡比尔（Amir Kabir）双曲拱坝，高 178 m，右岸设两孔溢洪道，中间隔墩一直延伸至消能工挑坎，并采用窄缝挑坎消能工，出口呈矩形，泄量 1 450 m³/s。此外，还有一个十字坝（Sainte-Croix），坝高 95 m，设 2 个 4 m×7.5 m 底孔，泄洪量 2 200 m³/s，底孔出口也是一种窄缝式消能工，底孔底宽 4 m，在每个孔口中设置 3 个 0.80 m 宽的齿墩，使底孔过水断面缩小为 4 个 0.4 m 宽的窄缝，齿坎前缘为一半径为 0.35 m 的半圆形剖面，齿坎以细螺旋形曲线由底部起，用半径 6 m 的弧形上升到上部接以与水平成 60°角的直线，齿坎高从闸门底坎算起为 7 m，见图 8-7。

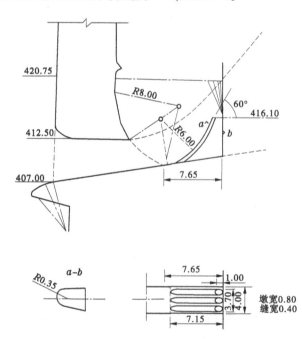

图 8-7　伊朗十字坝（Sainte-Croix）底孔出口的窄缝式消能工　（单位：m）

以上资料说明,国外的窄缝挑坎在 20 世纪 60~70 年代有了很大发展,大部分用于修建在狭窄河谷的拱坝的岸边溢洪道,也有用于坝内泄水孔的出口或泄洪洞出口的。但是国外的窄缝挑坎消能工,从水头及流量而言,规模均属中等水平。

窄缝挑坎的大发展是在中国,我国把窄缝挑坎应用于大、中型水利水电工程中的挑流消能工,始于 20 世纪 70 年代后期。1975 年 6 月,林秉南院士在《国外高水头泄水建筑物》一书中,以"窄缝式挑坎"为题,介绍了西班牙的阿尔门德拉(Almendra),这也是目前中文"窄缝"一词的由来。因此,从 20 世纪 70 年代后期,我国开始把窄缝挑坎应用于大、中型水利水电工程中的挑流消能工。1981 年,中国水利水电科学研究院李桂芬、高季章首先对这项新技术进行研究,同年,中南水利水电勘测设计院童显武、苏祥林针对我国湖南东江水电站右岸两孔溢洪道的窄缝式挑坎进行研究并获得成功。之后我国对这一新技术进行了革新和大量的系统研究,弥补了国外这方面的不足,并把这项新技术发展到一个新的水平。

我国第一个采用窄缝挑坎的工程是湖南东江的双曲拱坝,坝高 157 m。泄水建筑物包括左岸 1 孔滑雪式溢洪道和 1 级放空泄洪洞,右岸 2 孔滑雪式溢洪道和 2 级放空泄洪洞。右岸 2 孔滑雪式溢洪道出口为窄缝式消能工,溢洪道原宽各 10 m,至末端分 2 段收缩,出口采用矩形窄缝挑坎,窄缝宽度只有 2.5 m,窄缝与溢洪道的宽度比为 0.25,挑角为 0°,最大单宽达 507 m³/(s·m),见图 8-8。

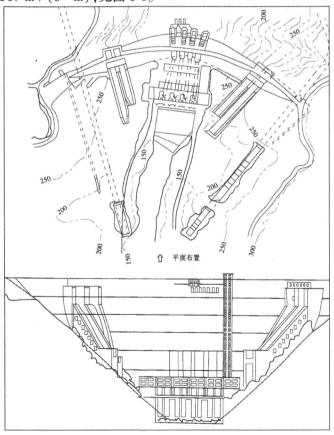

图 8-8　湖南东江双曲拱坝右岸 2 孔溢洪道窄缝挑坎

1992 年 10 月由中南水利水电勘测设计院、中国水利水电科学研究院、中国水利水电第八工程局和东江水力发电厂共同进行了原型观测,观测成果表明:东江的右岸滑雪式溢洪道采用窄缝式消能工显著减少了下游河道的冲刷,很好地解决了东江水电站的泄洪消能问题,为我国解决狭窄河谷泄洪消能问题提供了宝贵的经验。东江的右岸滑雪式溢洪道窄缝式消能工原型泄洪情景见图 8-9。

由于 20 世纪 80 年代以来,我国在峡谷地区修建高坝、大流量工程的增多,窄缝挑坎的应用也越来越广泛,在体型上还有所发展和创新,一些已建工程的窄缝挑流消能工的体型布置参阅如下:

(1)龙羊峡重力拱坝,坝高 178 m,右岸高低两孔岸边溢洪道出口采用曲面窄缝挑坎,出口单宽达 923 $m^3/(s \cdot m)$,左岸中孔出口转 21.6°角,后面接曲面窄缝挑坎,出口单宽达 643 $m^3/(s \cdot m)$(见图 8-10、图 8-11)。

图 8-9　东江右岸滑雪式溢洪道曲面贴角鼻坎式消能工原型泄洪情景

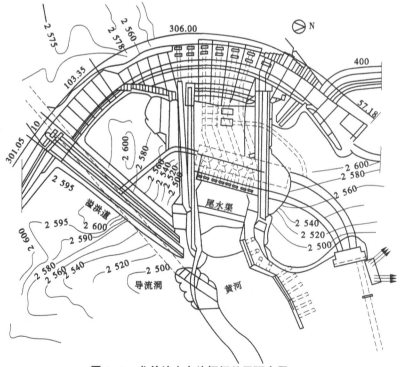

图 8-10　龙羊峡水电站枢纽总平面布置

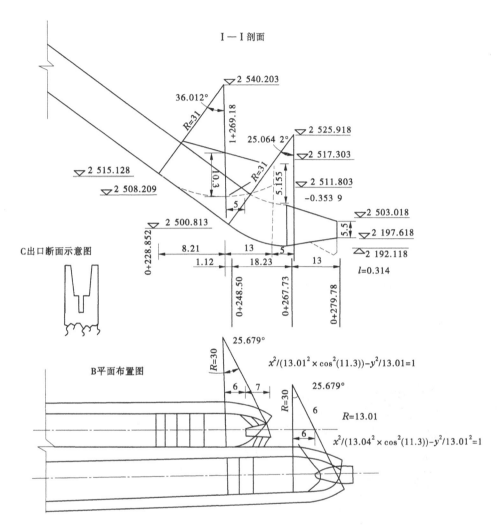

图 8-11　龙羊峡右岸溢洪道曲面贴角鼻坎　（单位:m）

（2）安康重力坝,坝高 132 m,左岸 2 孔中孔岸边溢洪道出口一前一后采用窄缝式曲面贴角挑坎,见图 8-12。

（3）东风水电站双曲拱坝,坝高 168 m,坝址河谷狭窄,坝下有埋藏较浅、抗冲刷能力较低的九级滩页岩和横穿河床的 F_6 断层,泄洪流量 11 920 m³/s（设计洪水）和 14 200 m³/s（校核洪水）,其左岸的 2 孔溢洪道采用孔宽从 12 m 两次收缩至出口 3 m 的窄缝挑坎（见图 8-13）,坝身 3 个中孔,出口也是采用窄缝挑坎,中孔净宽 6 m,边墙收缩率 1:3,出口缩窄至 3 m 宽,挑坎出射角-10°,见图 8-14。

（4）天生桥一级面板堆石坝,坝高 178 m,右岸岸边溢洪道右槽 2 孔采用窄缝式曲面贴角挑坎,见图 8-15。

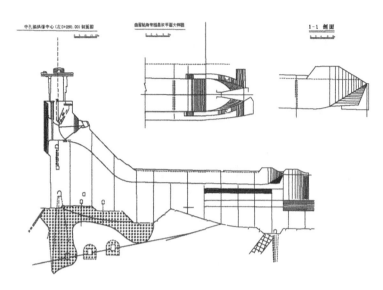

图 8-12 安康左岸中孔溢洪道出口曲面贴角窄缝式挑坎

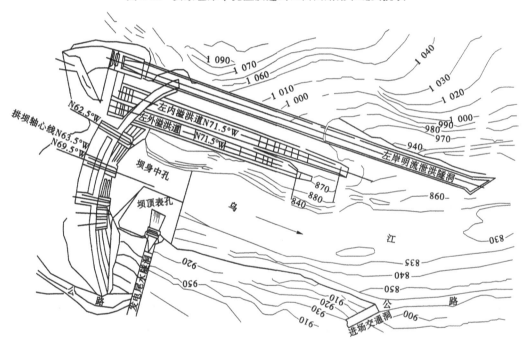

图 8-13 东风水电站双曲拱坝坝身中孔及左岸溢洪道的窄缝挑坎消能工

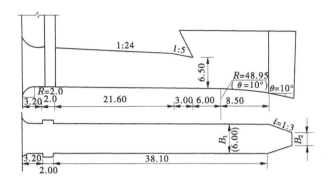

图 8-14 东风坝身中孔的窄缝挑坎消能工

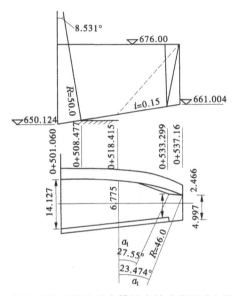

图 8-15 天生桥右岸岸边溢洪道右槽的窄缝式曲面贴角挑坎 （单位：m）

（5）李家峡双曲拱坝,坝高 165 m,左岸底孔泄水道采用侧墙转弯的窄缝挑坎,见图 8-16、图 8-17。

（6）湖北清江水布垭水电站面板堆石坝,坝高 230 m,其左岸溢洪道为 5 孔溢洪道,设计流量为 18 808 m³/s(校核)、16 261 m³/s(设计),到鼻坎末端底高程的最高水头为 153.7 m(校核)、151.4 m(设计),溢洪道出口采用窄缝挑坎,是目前世界上水头最高、泄量最大的窄缝挑坎消能工。初设阶段窄缝挑坎消能工方案见图 8-18。

国内外部分工程的窄缝挑坎挑流消能工的主要工程技术指标如表 8-1 所示。

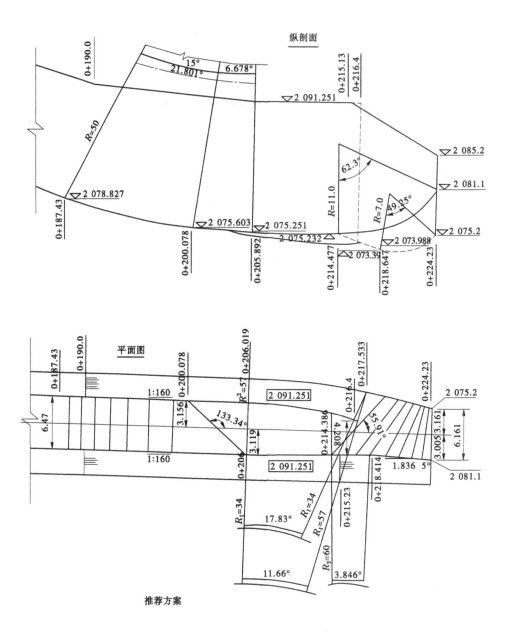

图 8-16　李家峡右中孔折反式窄缝挑坎

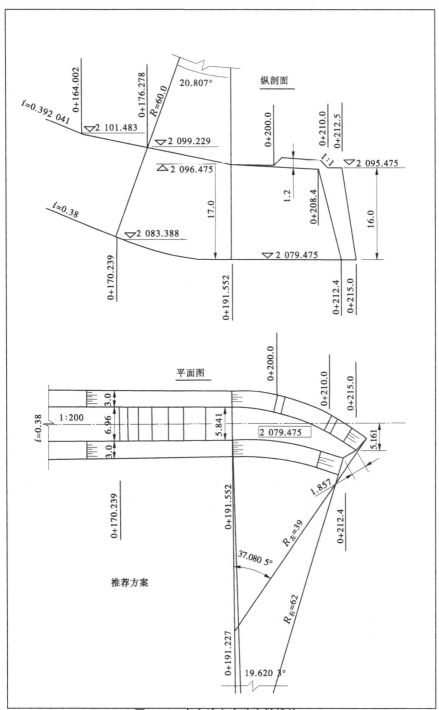

图 8-17 李家峡左中孔窄缝挑坎

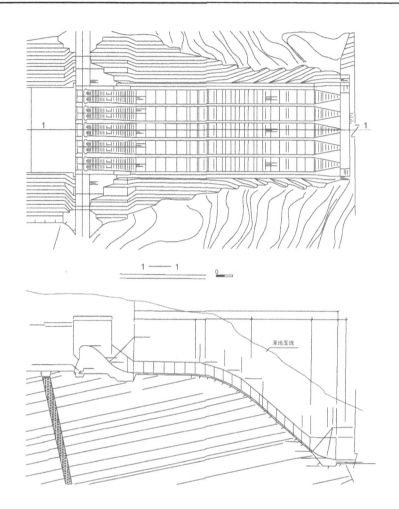

图 8-18　水布垭水电站面板堆石坝左岸 5 孔溢洪道出口的窄缝挑坎(初设阶段)

表 8-1　国内外部分工程的窄缝挑坎挑流消能工的主要工程技术指标

工程名称	坝高 (m)	泄水建筑物 名称及尺寸	最大设计 流量 (m³/s)	溢流落差 或水头 (m)	窄缝尺寸(m)		单宽流量 [m³/(m·s)]		说明
					进口	出口	挑坎前	挑坎 出口	
卡勃利尔 (Cablil, 葡萄牙)	134 (双曲拱坝)	左右泄洪洞 2-8.9×8.1 m	2×2 200		8.0				1954 年 完建
卡斯罗多波德 (Castelo Do Bole, 葡萄牙)	115 (重力拱坝)	坝面滑雪道 (靠右岸)	4 000					364	1958 年 完建

续表 8-1

工程名称	坝高 (m)	泄水建筑物 名称及尺寸	最大设 计流量 (m³/s)	溢流落差 或水头 (m)	窄缝尺寸(m) 进口	窄缝尺寸(m) 出口	单宽流量 [m³/(m·s)] 挑坎前	单宽流量 [m³/(m·s)] 挑坎出口	说明
阿尔门特拉 (Alamendra, 西班牙)	202 (双曲拱坝)	左岸岸边溢洪道 2-15 m×12.5 m	2×1 500		15.0	2.5	100	600	1970 年 完建
巴埃而斯 (西班牙)	97.3 (双曲拱坝)	左岸岸边溢洪道 3-6 m×5 m	650	65	14	3		217	
阿而德达维拉 Aldeada Vila, 西班牙)	140 (重力拱坝)	溢流表孔 8-14(宽)	11 700/8					833	1962 年 完建
波塔斯 (Portas, 西班牙)	141	底孔 2-φ1.8 m	2×39.4	121			29		
卡鲁 (Karu, 伊朗)	203	岸边溢洪道 (2 槽)	2×8 100	145			290		
卡勒支 (Karadj, 伊朗)	181	坝面泄槽 (2 槽)	2×725	113			145		
托克托古尔 (Toktikyr, 苏联)	215	坝面泄槽	1 250	100	20	10	62.5	125	
龙羊峡 (中国)	178 (重力拱坝)	右岸岸边溢洪道 2-12 m×17 m	2×2 950		10	3.3			1992 年 建成
		左岸坝身 中孔泄水道 8 m×9 m	2 150			8.55			1992 年 建成
东江 (中国)	157 (双曲拱坝)	坝身滑雪道 2-10 m×7.5 m	2×3 039		7.5	3.0		507	1991 年 建成
东风 (中国)	168 (双曲拱坝)	左岸表孔 溢洪道 2-15 m×18 m	2×2 100	92	15	7.16		293	1997 年 建成
		坝身中孔 3.5 m×4.5 m 2-5 m×8 m	431 2×1 095		3.5 5	2.7 3.3		160 332	

续表 8-1

工程名称	坝高 (m)	泄水建筑物 名称及尺寸	最大设 计流量 (m³/s)	溢流落差 或水头 (m)	窄缝尺寸(m) 进口	窄缝尺寸(m) 出口	单宽流量 [m³/(m·s)] 挑坎前	单宽流量 [m³/(m·s)] 挑坎 出口	说明
安康 (中国)	128 (重力坝)	左岸泄洪中孔 2-12 m×11 m	2×2 456	70.26	11	4.5	223.27	545.8	1997 年 建成
隔河岩 (中国)	151 (重力拱坝)	坝身泄洪深孔 4-4.5 m×6.5 m	4 053 4×1 013.3	70.88 (至挑坎)	4.5	2.0	225.17	506.63	1996 年 建成
天生桥一级 (中国)	178 (双曲拱坝)	右岸溢洪道 5-14 m	21 750 5×4 350	118 (至挑坎)	14	6.466	310.7	672.70	1998 年 建成
李家峡 (中国)	165 (双曲拱坝)	左岸底孔 5 m×7 m 左、右岸中孔 2.8 m×10 m	1 200 2×2 120	113.25 (至挑坎) 60 (至挑坎)	5 8	2.5 4.208	240 265	490 503.8	1997 年 建成
水布垭 (中国)	233 (面板堆石坝)	左岸岸边 溢洪道 5 表-14 m×20 m	18 280 5×3 656	154.76 (至挑坎)	16	4	228.5	914	2008 年建成

8.2 窄缝挑坎的流动特征和消能机制

在泄水建筑物的末端设置挑流消能工,工程量小、费用低,是高坝大流量泄洪建筑物常用的一种消能方式。挑流消能的基本原理是利用高速水流的流向可导性和水流断面的可变性,把从挑流鼻坎出射的高速水流抛射到空中并落入下游尾水水垫中,通过水流在空中和水垫中的扩散掺混和紊动剪切,把挑流水舌挟带的动能大部分转化为热能和势能,剩余的动能则通过冲刷下游河床形成冲刷坑,加大消能水体的体积进一步消刹余能,最终完成了消能防冲的两大任务:动能的消耗(紊动剪切)及动能的无害输运和转移(抛射)。因此,挑流消能的效果和鼻坎的形式、水垫的深度和基岩的抗冲特性有关。

在泄槽溢洪道、泄洪洞或底孔的末端设置的挑流消能工,对挑流鼻坎的设计,以尽量减小出坎单宽流量为目标,认为出坎单宽流量越小,入水单宽流量越小,下游冲刷也越小,因而挑流鼻坎的宽度往往设计成大于或等于槽身的宽度,其平面形式一般为等宽式、扩散式或扭曲扩散式,统称为等宽挑;在立面上则常用连续式或差动式挑。这种挑坎的挑射水舌以横向(坝轴线方向)二维扩散为主,进入水垫的水舌呈"一"字形,见图 8-19。

因此,等宽挑坎挑流消能工的一个重要控制指标是挑坎出口的单宽流量 q,在坝高或

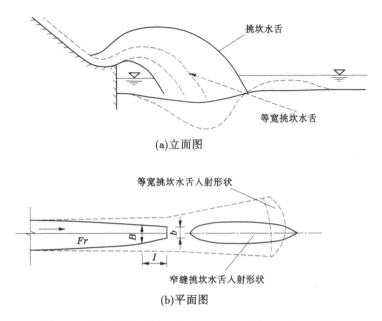

(a)立面图

(b)平面图

图 8-19　等宽挑坎(虚线)和窄缝挑坎(实线)水舌形态比较

落差一定的条件下,q 控制着进入下游水垫的单宽泄洪功率,因此传统的等宽挑坎泄洪功率越小,水流对下游河床的冲刷越浅。显然,等宽挑坎受到河宽及泄洪建筑物溢流前沿的限制,挑坎出口的单宽流量 q 不可能太大,一般 $q<300$ m³/(s · m)。

窄缝挑坎挑流消能工的布置,是把挑坎出口的宽度设计成远远小于槽身宽度,当出口很窄时,则形成窄缝,统称为窄缝挑坎。窄缝挑坎出射的挑流水舌以竖向和纵向扩散为主,水舌在空中成薄扇形[见图 8-19(a)],进入水垫的水舌呈"1"字形,[见图 8-19(b)]。因此,窄缝挑坎挑流消能工出口的单宽流量往往很大,国外最大单宽流量曾经达到 600 m³/(s · m),我国目前最大单宽流量已达 1 500 m³/(s · m)(水布垭)。由于窄缝挑流水舌在竖向的扩散,水舌在空中大大增强了和周围空气的接触和摩擦并大量掺气,当水舌进入河道水垫时,入水面积窄而长,拉开的长度几乎与挑坎上的水头相近,入水的单宽 q' 比相同条件下的等宽挑坎小很多,而且水舌进入水垫后除像等宽挑坎一样向前、后扩散外,还向左右扩散,呈三维紊动扩散流状态,从而大大加强了水舌入水后射流在水垫中的紊动剪切消能作用。因此,窄缝挑坎挑流消能工的冲刷很浅,而且冲坑沿河道分布均匀。

综上所述,窄缝挑坎挑流消能工通过侧墙的强烈收缩,使出射水流成为向竖向及纵向扩散射流,其主要特点是射流在空中充分扩散、分散及掺气,加强了水流在空中的能量消散,同时使射流在进入下游水面的单位面积的泄洪功率大为减小,以及射流在水垫内呈三维扩散消能。由于射流在空中及水下的消能率大大提高,故其对河床的冲刷大为减轻。窄缝挑坎的出现和发展,是对传统的等宽挑坎的重大革新,对于解决河谷狭窄、地质条件差的高坝、大流量水利枢纽的泄洪消能问题具有重大的意义。

8.3　窄缝挑坎的体型及其布置

窄缝挑坎体型的基本参数为：

(1)窄缝挑坎收缩比：$\varepsilon = b/B$。

(2)窄缝挑坎边墙收缩角 $\alpha = \tan^{-1}[(B-b)/2l]$ (对称窄缝)，一般为 $8.5° \sim 12.5°$。

(3)窄缝挑坎的挑角 θ，一般为 $-10° \sim 10°$，宜用 $0°$。

式中，b 为窄缝挑坎出口宽度，B 为侧墙收缩前的溢洪道宽度，l 为收缩起点至窄缝出口的长度，见图 8-20。

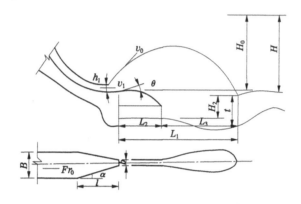

图 8-20　窄缝挑坎的体形参数和水流参数

窄缝挑坝出口的断面形式可以是矩形、梯形、Y 形、垭口型，见图 8-21。

图 8-21　窄缝挑坎体形示意图

窄缝挑坎侧墙的收缩可以是直线式或曲线式，可以是对称的或不对称的，见图 8-22。在溢洪道泄槽宽不对称时，可以在溢洪道末端，通过侧墙的急骤收缩而成窄缝挑坎；在槽宽较大时，可以分段进行收缩，第一段一般较长，先逐渐收缩，然后在末端进行急骤收缩；当槽宽很大时，可以从溢流坝表孔(或泄水孔)的中间闸墩开始直到末端，建立长隔墩，每个表孔(或泄水孔)单独有泄洪泄槽，然后在末端各自独立形成窄缝挑坎，如图 8-22 所示为清江水布垭左岸岸边溢洪道的一种长隔墩布置方案(初设)。也有不设中间隔墩以节约工程量的布置，它可以在溢洪道或底孔末端设置若干孤立的宽尾分流墩，在墩的末端形成窄缝，如水布垭左岸岸边溢洪道的分区泄洪方案，在初设预可研阶段曾经有一个方案是：5 孔溢洪道中，两侧溢洪道各单独形成溢洪道，而中间 3 个表孔形成单独溢洪道，只在末端用 3 个孤立的宽尾分流墩在末端形成 4 条窄缝挑坎，同样能达到良好的消能效果。

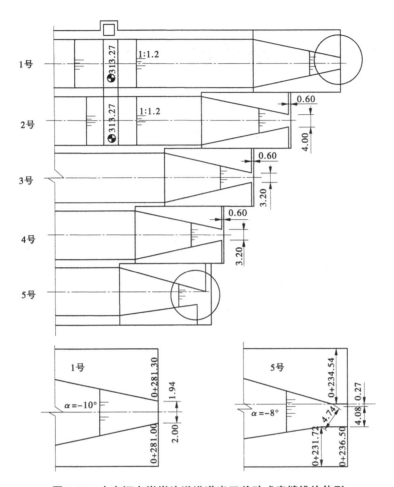

图 8-22 水布垭左岸岸边溢洪道出口差动式窄缝挑坎体形

最后,在技施阶段,水布垭左岸岸边溢洪道最终确定的方案为 5 个表孔各自形成单独溢洪道,末端均设窄缝挑坎,并且每个窄缝挑坎不在同一高程上,形成在横向、纵向和竖向的三维差动式的创新布置,实现了水布垭左岸岸边溢洪道泄洪消能的只护护岸不护底的工程技术要求。

第9章 窄缝挑坎的水力特性

9.1 流 态

通过一系列的试验发现,窄缝挑坎与等宽挑坎的流态有显著不同,其主要差别如下:

(1)水舌出挑坎时流线的倾角不同。以挑坎挑角 0°为例,等宽挑坎的水舌上缘的出射角一般只有+10°左右,增幅不大,水舌的下缘出射角一般仍保持 0°;而窄缝挑坎的水舌上缘出射角,依收缩比不同而变,一般可达到 45°,而下缘出射角可达到 0°~-10°,见图 9-1。因而在给定的来流条件下,窄缝挑坎水舌外缘获得最远的射程,而且上、下缘水舌入水纵向拉开的距离远较等宽挑坎为大,一般可以和挑坎以上水头相近,而且水舌在空中的掺气充分,因此窄缝挑坎的挑角不宜太大,一般在+10°~-10°选取。因为太大的挑角可能使上缘的出射角过大,而出现水舌"倒塌"现象。

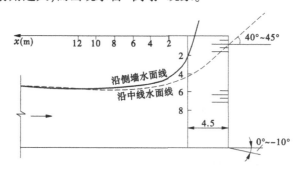

图 9-1 窄缝挑坎水舌上、下缘形态示意图

(2)水舌入水后在水垫中的流态不同。窄缝挑坎水舌进入水垫后同时形成横轴旋滚和纵向旋滚,二者相互掺混,大大提高了消能率。

(3)等宽挑坎射流入水区的上游水面波动较大,窄缝挑坎射流入水区上游水面波动较小。

(4)窄缝挑坎内的水流流态为急流冲击波。由侧墙开始收缩的起点开始发展出冲击波,由于收缩角 β 的大小、来流弗劳德数 $Fr = v/\sqrt{gh}$ 及收缩比 $\varepsilon = b/B$ 的不同,在窄缝挑坎内可能出现 4 种不同的流态:①窄缝挑坎内产生水跃,见图 9-2(a);②挑射水流纵向、竖向扩散不良,见图 9-2(b);③纵向和竖向均扩散良好,见图 9-2(c);④在出口冲击波飞溅,见图 9-2(d)。在一定的体型条件下,上述流态和来流的 Fr 有关,在 $Fr<3.0$,$\varepsilon<0.40$ 时,产生水跃;在 $3.0<Fr<4.5$,$0.25<\varepsilon<0.40$ 时,水舌扩散不良,且不稳定;在 $4.5<Fr<10$,$0.15<\varepsilon<0.25$ 时,扩散良好;在 $Fr>10$,$\varepsilon<0.40$ 时,出口冲击波水溅。

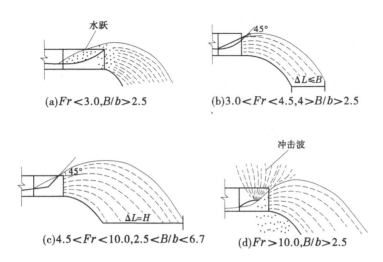

图 9-2　不同窄缝挑坎内的流态

9.2　流速分布

　　试验表明,窄缝挑坎出口处的流速分布是影响窄缝挑坎挑流水舌空中扩散程度好坏的直接原因。图 9-3 是等宽挑坎、一般矩形窄缝挑坎及 Y 形窄缝挑坎出坎流速分布的比较。

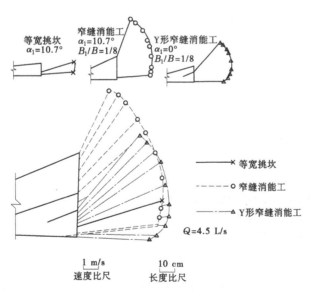

图 9-3　等宽挑坎和窄缝挑坎出坎流速分布比较

　　由图 9-3 中可以看出:

　　(1)等宽挑坎和窄缝挑坎底部的流速分布几乎重合,这就证明侧墙对水舌的作用主要是改变水流的上部结构,由于上部为自由面,水流向上部变形并改变流速的方向,导致射流在竖向和纵向的扩散。

（2）不同挑角而收缩比相同的窄缝挑坎,采用平底挑坎(挑角为 0°)较采用反弧挑坎(挑角为 10.7°)可取得较大的出坎流速。这是因为反弧挑坎必然造成出口压强增加,从而导致流速的减小。这就说明,在窄缝挑坎的条件下,一般以取 0°挑角为宜,特别是当要采用很小的收缩比时,挑角甚至可以取负值,以便获得良好的出坎流态。

9.3　冲刷特征

窄缝挑坎的消能效果比等宽挑坎显著,因而对下游河床的冲刷深度也相应较浅,例如东江溢洪道采用窄缝挑坎后,下游的冲刷坑最大深度和挑角 25°的等宽挑坎下游的冲刷深度相比减小很多,前者仅为后者的 1/3 左右,相应的冲坑宽度也只有等宽挑坎的 2/3。如果从下游尾水水面算起,窄缝挑坎下游冲刷坑最大深度减小到等宽挑坎相应的冲刷深度的 60%,其比较如图 9-4 所示。

上游水位275.00 m,挑坎以上水头 H=81 m,流量 Q=383 m^3/s

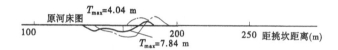

上游水位285.00 m,挑坎以上水头 H=91 m,流量 Q=1 127 m^3/s

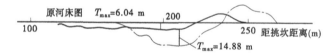

上游水位293.75 m,挑坎以上水头 H=99.75 m,流量 Q=1 437 m^3/s

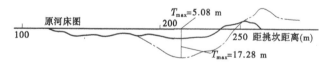

图 9-4　窄缝挑坎消能工和等宽挑坎消能工冲刷能力比较
(注:东江模型试验资料;沿溢洪道中心剖面尾水位 149.0 m
点划线:等宽挑坎 α=25° 冲刷线,实线:窄缝挑坎 ε=0.25 冲刷线)

又如龙羊峡水电站溢洪道窄缝挑坎的试验研究,河床冲刷料选用 d_{50}=2.23 mm,d_{90}=3.2 mm,采用等宽挑坎时,下游河床冲深达 45 m 以上,采用垭口式窄缝挑坎冲坑最大深度只有 13~17 m。又如中国水利水电科学研究院进行的湖北清江水布垭水电站左岸岸边溢洪道窄缝挑坎的试验研究,冲刷试验的模型砂按基岩的抗冲流速 3.0~3.5 m/s 选用 d_{50}=3.35 m 的白云石,在宣泄百年一遇洪水时,采用等宽挑坎方案,河床冲坑最深高程达162 m(最大冲深 22 m),而采用窄缝挑坎方案时,在相同的条件下,河床冲坑最深高程提高到 173 m(右岸边),而河床中部冲刷最深高程为 184 m,基本上不冲河床。水布垭是目前正在设计的世界上最高的面板堆石坝,它的左岸岸边溢洪道的窄缝挑坎挑流消能工,也是目前水平最高的工程,其窄缝挑坎的消能效率得到充分的发挥,达到了泄洪最高落差174 m、最大泄洪单宽流量228.4 m³/(s·m)、最大单宽泄洪功率382.9 MW/m、河床抗冲流速仅 3.0~3.5 m/s,在诸多不利条件下,消能区的河床基岩基本不冲,因而基本上满足了只护岸不护底的工程设计要求。

第 10 章　窄缝挑坎的水力计算

10.1　窄缝挑坎内的水面线计算

10.1.1　急流冲击波的计算

最简单的窄缝挑坎由一级直线边墙收缩形成,且边墙的转角 α 较小,则可用 Ippen 的理论公式计算(见图 10-1):

$$\frac{\tan\beta_i}{\tan(\beta_i - \alpha)} = \frac{1}{2}(\sqrt{1 + 8Fr_i^2\sin^2\beta_i} - 1) \tag{10-1}$$

$$h_i = \frac{h_{i-1}}{2}(\sqrt{1 + 8Fr_{i-1}^2\sin^2\beta_{i-1}} - 1) \tag{10-2}$$

$$v_i = \frac{\cos\beta_{i-1}}{\cos(\beta_{i-1} - \alpha_i)}v_{i-1} \tag{10-3}$$

$$Fr_i = v_i / \sqrt{gh_i} \tag{10-4}$$

式中: Fr_i 为第 i 个冲击波波前的弗劳德数; β_i 为冲击波波前与原边墙(未偏转)夹角; α 为边墙偏转角;角标 $i-1$、i 为冲击波波前、波后断面的物理量。

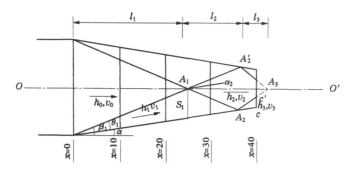

图 10-1　窄缝挑坎内冲击波计算图

式(10-1)也可简化为

$$\sin\left(\beta_i + \frac{\alpha}{2}\right) = \frac{1}{Fr_i} \tag{10-5}$$

或

$$\beta_i = \sin^{-1}\frac{1}{Fr_i} - \frac{\alpha}{2} \tag{10-6}$$

冲击波的计算和窄缝挑坎的体型设计有关,因为一般窄缝挑坎要求第一个冲击波交汇点尽量靠近出口,并以此选择侧墙的偏转角、第一个冲击波交汇点的位置以及收缩比。

计算的第一步是根据来流的弗劳德数 Fr_0 及侧墙转角 α,由式(10-1)或式(10-5)计算出 β_1,并由式(10-2)、式(10-3)求出第一个冲击波后的水深 h_1 和流速 v_1,则第一个冲击波交汇点距边墙转折点的距离 l_1 和距边墙的距离 S_1(见图10-1)为

$$l_1 = B_0/2\tan\beta_1 \tag{10-7}$$

$$S_1 = (B_0/2 - l_1\tan\alpha) \tag{10-8}$$

由于式(10-1)或式(10-5)都是对理想冲击波而建立的,而实际上的冲击波都有坦化现象,所以必须进行修正,修正式为

$$\sin\beta_i = \frac{1}{\sqrt{A \cdot Fr_0}} \tag{10-9}$$

$$A = 0.326Fr_0[1 - 1.35\tan\alpha(1 + 0.086Fr_0^{-\frac{1}{2}}) - 0.052Fr_0] - 0.0757 \tag{10-10}$$

式中: $5.49 \leqslant Fr_0 \leqslant 9.28, 5.31° \leqslant \alpha \leqslant 9.23°$。此外,另外一种修正为

$$l_1 = \frac{B_0}{2}\frac{\lambda}{\tan\beta_1} \tag{10-11}$$

$$\lambda = 1.90\exp\left(-\frac{18\alpha^{0.7}}{Fr_0}\right) \tag{10-12}$$

对于收缩段有坡度($i = \tan\theta$)的情况,第一个冲击波交汇点与收缩段起点的距离在水平面的投影 l_1 可近似用下式修正:

$$l_1 = \frac{B_0}{2}\frac{\lambda}{\tan\beta'_1} \tag{10-13}$$

$$\beta'_1 = \tan^{-1}\left(\frac{\tan\beta_1}{\cos\theta}\right) \tag{10-14}$$

10.1.2　窄缝挑坎收缩段出口断面水深及流速的计算

窄缝挑坎收缩段内水面线及出口断面水深和流速的确定,涉及复杂的三维流动问题的计算,一般应通过模型试验确定。但在初步设计时,可用一维(水力学)非均匀流的方法近似计算。

(1)在平底($\theta = 0°$)及一级直线边墙收缩的条件下,计算公式为

$$h_1 = \lambda_1 h_0 \varepsilon^{-1} \tag{10-15}$$

式中: h_0 为收缩前断面平均水深; ε 为收缩比, $\varepsilon = b/B$; λ_1 为经验常数:

$$\lambda_1 = 0.968 + 0.049\frac{B}{l}\frac{1}{\varepsilon} \tag{10-16}$$

式(10-14)适用的 Fr_0 及 α 的范围和式(10-10)相同。

(2)在收缩段断面较复杂及有挑角的条件下,可用一维近似计算,则假定任一过水断面上的流速和水深均按其平均值计算,列出任两个断面 $i-1$ 和 i 的能量方程及连续方程(见图10-2):

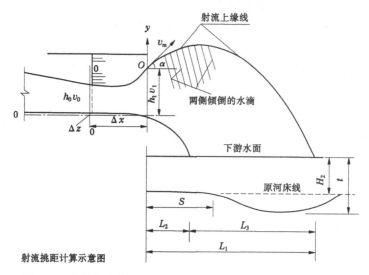

射流挑距计算示意图

图 10-2　窄缝挑坎内水深及流速一维计算及水舌挑距计算坐标系

$$\zeta_{i-1} h_{i-1} + \frac{v_{i-1}^2}{2g\varphi_{i-1}^2} + Z_{i-1} = \zeta_i h_i + \frac{v_i^2}{2g\varphi_i^2} + h_{si} + Z_i \tag{10-17}$$

$$h_{i-1} v_{i-1} B_{i-1} = h_i v_i B_i = Q \tag{10-18}$$

式中：ζ_i 为断面 i 的势能修正系数；φ_i、$h_{si} = \alpha_i h_i$ 为流速系数及损失水头（包括 $i-1$ 断面及 i 断面之间的能量损失）。

由式（10-17）和式（10-18）可得

$$\frac{1}{2g}\left(\frac{Q}{\varphi_i B_i}\right)^2 \frac{1}{h_i^3} - \frac{H_{i-1}}{h_i} + (\zeta_i + \alpha_i) = 0 \tag{10-19}$$

式中：$H_{i-1} = \zeta_{i-1} h_{i-1} + v_{i-1}^2/2g\varphi_{i-1}^2 + \Delta Z_{i-1}$，$\Delta Z_{i-1} = Z_{i-1} - Z_i$ 为两个断面的高差。

若令 $Y_i = \dfrac{1}{h_i}$，则由式（10-19）可得出一个 Y_i 的不完全三次方程：

$$Y_i^3 - \frac{2gH_{i-1}}{(Q/\varphi_i B_i)^2} Y_i + \frac{2g(\zeta_i + \alpha_i)}{(Q/\varphi_i B_i)^2} = 0 \tag{10-20}$$

式中，$\varphi_i = 0.90 \sim 0.80$，越到出口，$\varphi_i$ 的取值越小；$\zeta_i + \alpha_i = 2.0 \sim 3.0$，越到出口，取值越大。解式（10-20）可得其最小正实数根，即为问题的解：

$$Y_i = 2\sqrt{\frac{2gH_{i-1}}{3}}\left(\frac{\varphi_i B_i}{Q}\right)\cos\left\{\frac{1}{3}\cos^{-1}\left[-\frac{3\sqrt{3}(\zeta_i + \alpha_i)Q}{2\varphi_i H_{i-1} B_i \sqrt{2gH_{i-1}}}\right]\right\} \tag{10-21}$$

如果体型简单，可以把收缩段作为整体计算，即可设侧墙收缩前的断面为 1—1，出口断面为 2—2，即

$$Y_2 = 2\sqrt{\frac{2gH_0}{3}}\left(\frac{\varphi_1 B_1}{Q}\right)\cos\left\{\frac{1}{3}\cos^{-1}\left[-\frac{3\sqrt{3}(\zeta_1 + \alpha_1)Q}{2\varphi_1 H_0 B_1 \sqrt{2gH_0}}\right]\right\} \tag{10-22}$$

即 $h_2 = \dfrac{1}{Y_2}$。式(10-22)应满足的条件为：$\left| \dfrac{3\sqrt{3}\,(\zeta_1 + \alpha_1)\,Q}{2\varphi_1 H_0 B_1 \sqrt{2gH_0}} \right| \leqslant 1$，式中 H_0 为收缩断面处的总能头。

出口断面处的平均流速可近似为 $v_2 = Q/B_2 h_2$，由于出口断面的实际流速向量与假定的流速向量并不垂直，所以对 v_2 和 h_2 的计算都不符合通量定理，故上述按一维非均匀流的近似计算有其一定的局限性。

解三次方程(10-20)也可用迭代法，令 $h_{ki} = \sqrt[3]{Q^2/B_i^2 g}$，即式(10-19)可写成如下形式：

$$\eta_i^3 - A_i \eta_i + B_i = 0 \tag{10-23}$$

式中，$\eta_i = h_{ki}/h_{ki}$，$A_i = 2\varphi_i^2 H_{i-1}/h_{ik}$，$B_i = 2\varphi_i^2(\zeta_i + \alpha_i)$。待定值 $\varphi_1 = 0.90 \sim 0.80$，越到出口，$\varphi_1$ 取值越小；$\zeta_i + \alpha_i = 2.0 \sim 3.0$。解式(10-23)可用迭代法：

$$(\eta_i)_n^2 = \frac{A_i(\eta_i)_{n-1} - B_i}{(\eta_i)_{n-1}} \tag{10-24}$$

式中：$(\eta_i)_{n-1}$ 为前一次迭代的值。

如果设侧墙收缩前的断面为"1"，出口断面为"2"，则窄缝挑坎收缩段出口断面的水深和平均流速为

$$\left. \begin{array}{l} h_2 = h_{k2}/\eta_2 \\ v_2 = Q/h_2 B_2 \end{array} \right\} \tag{10-25}$$

10.1.3　工程计算实例

根据窄缝挑坎收缩段出口断面水深计算式(10-22)，对东江右岸滑雪道原型观测资料及水布垭模型试验资料进行验算，其成果列入表 10-2 及表 10-4。

(1)东江水电站是位于湖南湘江支流来水上游的一个大型水利水电枢纽工程，泄水建筑物包括右岸 2 孔和左岸 1 孔滑雪道，左岸 1 级、右岸 2 级放空洞。右岸的 2 孔滑雪道均采用窄缝挑坎消能工，坎末高程 194.0 m；左孔泄槽坡 $m = 0.961(\theta = 43.85°)$，右孔 $m = 0.6429(\theta = 32.74°)$，槽身设两道通气槽。窄缝收缩段位于反弧段内，从该起始断面至挑坎末端的 30 m 范围内，分两段进行收缩，第一段渠宽由 10 m 收缩至 7.5 m，收缩角 $4°45'49''$；第二段渠宽由 7.5 m 收缩至 2.5 m，收缩角 $9°27'44''$，总收缩比 $\varepsilon = 0.25$。右岸滑雪道孔口进口高程 266.0 m，设弧形工作门，孔口尺寸 10 m×7.5 m(宽×高)，在设计洪水($P = 1\%$)位 287.2 m 时，单孔泄量 1 167 m³/s，下游水位 153.81 m，在校核洪水位时，单孔泄量 1 286 m³/s，相应下游水位 156.9 m。工程于 1989 年建成，1992 年 10 月进行了原型观测。观测条件如表 10-1 所示。

在观测条件下，4 组泄槽水面线如图 10-3 及图 10-4 所示(参考文献[69])。

根据窄缝挑坎出口水深 h_1 计算式(10-22)，对东江右岸滑雪道原型观测资料进行验算，其结果列出如表 10-2 所示。从表 10-2 中可以看出，其最大误差小于 10%。

表 10-1 东江滑雪道水力学原型观测条件

位置	工况	库水位(m)	闸门开度(%)	泄流量(m³/s)	下游水位(m)
右岸右滑	I	281.99	100	1 043	149.39
	II	281.99	52.6	433	149.18
右岸左滑	III	282.01	80.1	767	149.03
	IV	282.01	56.63	434	148.89

表 10-2 窄缝挑坎出口水深 h_1 东江滑雪道原型观测资料验算成果

位置	工况	库水位(m)	闸门开度(%)	泄流量(m³/s)	挑坎末端水头 H_1(m)	流速系数	阻力系数	窄缝出口水深 h_2(m) 计算值式(10-22)	原型观测值	误差(%)
右岸右滑	I	281.99	100	1 043	87.99	0.85	2.85	19.22	20.30	−5.6
	II	281.99	52.6	433	87.99	0.80	6.20	7.70	7.68	+0.2
右岸左滑	III	282.01	80.1	767	88.01	0.85	2.00	9.85	9.28	+5.8
	IV	282.01	52.63	434	88.01	0.80	5.20	6.72	6.62	+1.5

注:挑坎挑角 0°;挑坎末端高程 194.0 m,挑坎末端宽度 2.5 m;下游水位:工况 I 149.39 m、工况 II 149.18 m、工况 III 149.03 m 和工况 IV 148.87 m。

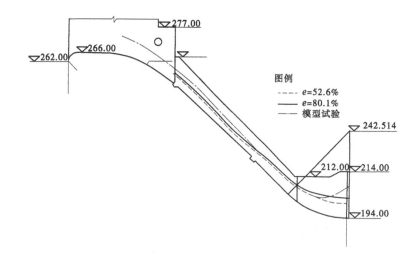

图 10-3 东江原型观测右岸左孔溢洪道左边墙水面线图

(2)清江水布垭水利枢纽工程位于湖北清江中游河段,大坝采用混凝土面板堆石坝,最大坝高 233.3 m,是目前世界上最高的混凝土面板堆石坝。枢纽的主要泄水建筑物为左岸岸边溢洪道布置方式。溢洪道采用全表孔泄洪,控制段布置 5 个表孔,孔口尺寸为 14.0 m×21.8 m,溢流堰顶高程为 378.2 m。溢洪道最大泄洪量为 18 320 m³/s,泄洪水头落差为 171 m,最大泄洪功率为 31 000 MW。

本枢纽的泄洪消能特点是水头高(最高水头 171.29 m),单宽流量大[最大单宽流量

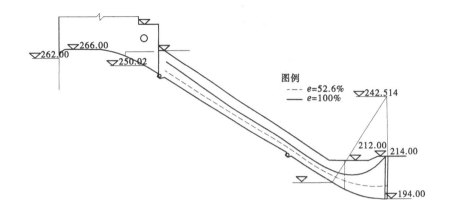

图 10-4　东江原型观测右岸右孔溢洪道右边墙水面线图

228.5 m³/(s·m)],消能方式重点研究挑流+水垫塘消能方式,由于消能区处于非对称狭窄河谷,且河床基岩岩性软弱破碎,抗冲流速仅 3.0~3.5 m/s,挑流消能存在消能区纵向利用及两岸山体的稳定问题。原规划设计为既护岸又护底的全衬护方案,此方案的最大问题是工程量太大,不能在一个导流期内完成,需进行二期导流、截流。对于土石坝而言,二期截流时,坝体已经很高,进行截流的风险很大。因此,为了避免二期导流,消能区河床不能设衬护工程,而只能在两岸设防淘墙进行防护。在如此艰巨的工程技术条件下,任何常规的挑流消能工均难以奏效,只能通过优化消能工的形式解决。通过一系列的水工模型试验,最终确定窄缝挑坎挑流消能工,达到了只护岸不护底的消能防冲的工程技术要求。

对窄缝挑坎的布置及体型进行了深入研究,主要进行了窄缝挑坎消能工 5 孔平齐型出口方案和窄缝挑坎消能工 5 孔阶梯状出口方案的研究比较。通过大量的试验研究,进行综合比较,最终确定溢洪道挑流的消能形式采用分区(五区)一级陡槽接窄缝式挑坎的布置方案(参见图 8-25)。

窄缝挑坎阶梯式出口布置方案为:1#~5#孔的出口桩号呈阶梯式的缩短,1#孔最长,5#孔最短。该方案能更好地控制河床及两岸岸坡的冲刷,减轻电站尾水口门区受泄洪水流的影响,改善电站尾水洞出口的淤堵情况,达到了只护岸不护底的目的。

以 1#孔为例,溢流堰堰顶高程 378.5 m,溢流堰反弧末端(桩号 0+057.52,高程348.63 m)后接坡度为 0.01、长 63.55 m 的缓坡段,后接一抛物线段及 1:1.2 的陡坡段,在陡坡段的末端(桩号 0+266.0,高程 263.72 m)接窄缝挑坎的收缩段,收缩段由一半径为 36.0 m、圆心角为 29.81°的反弧段和一个 −10° 的斜坡段组成,窄缝挑坎末端桩号0+296.0,高程 251.70 m,窄缝挑坎净宽 16.0 m,挑坎末端净宽 4.0 m,收缩比 $\varepsilon = 0.25$。图 10-5、图 10-6 为水布垭 1:100 水工模型窄缝挑坎泄流式水舌的形态。表 10-3、表 10-4分别为水布垭泄洪消能水力指标窄缝挑坎窄缝挑坎出口水深 h_1 和模型试验值比较。

图 10-5　水布垭 1∶100 水工模型
试验窄缝挑坎泄流时水舌形态(一)

图 10-6　水布垭 1∶100 水工模型试验窄缝挑坎泄流时水舌形态(二)

表 10-3　水布垭泄洪消能水力指标

设计标准	洪水频率 $P(\%)$	设计下泄量(m^3/s)	库水位(m)	下游水位(m)
枢纽校核	0.01	18 280	403.89	232.60
枢纽设计	0.1	16 300	402.10	229.40
消能防冲校核	0.2	14 810	400.71	226.80
消能防冲设计	1.0	11 940	397.87	222.00

表 10-4　水布垭窄缝挑坎出口水深 h_1 和模型试验值比较

工况	库水位（m）	闸门开度（%）	泄流量（m³/s）	挑角（°）	挑坎末端水头 H_1(m)	流速系数	阻力系数	窄缝出口水深 h_1(m)		
								计算值[式(10-22)]	试验值	误差(%)
Ⅰ	403.89	100	3 656	-10	152.19	0.95	2.0	20.61	19.80	+3.9
				-20	154.76	0.95	2.0	20.32	18.40	+9.4
Ⅱ	402.10	100	3 260	-10	150.40	0.95	2.0	18.12		
				-20						
Ⅲ	400.71	100	2 962	-10	148.40	0.95	2.0	16.35	15.30	+6.4
				-20	151.58	0.95	2.0	16.10	16.50	+2.5
Ⅳ	397.87	100	2 388	-10	146.70	0.95	2.0	12.93	13.00	-0.05
				-20	148.74	0.95	2.0	12.77	13.50	-0.57

注：窄缝挑坎挑角-10°，末端高程 251.70 m，窄缝挑坎挑角-20°；末端高程 249.13 m，窄缝末端宽度 $B=4.0$ m。

　　由东江的原型观测资料的验算可以看出，对于闸门全开及闸门开度为 80.1% 的组次，φ_1 取 0.85，阻力系数 $(\zeta_1 + \alpha_1)$ 分别取 2.85 和 2.0，计算的 h_1 和实测值（由边墙水尺读得）误差为 5.6% 和 5.8%，对于闸门局部开启的组次，由于这种工况属于特例，阻力系数增加，故计算时 φ_1 取 0.80，阻力系数 $(\zeta_1 + \alpha_1)$ 取 6.20~5.20，误差为 0.2%~1.5%。根据对水布垭模型试验值的验算，在 4 种泄洪工况下，闸门开度均为 100% 及挑角为-10° 和-20° 时，计算的 h_1 和试验值比较，误差为 0.4%~0.6%。因此，在实际计算中，对于闸门全开的工况，φ_1 可取 0.90~0.80，阻力系数 $(\zeta_1 + \alpha_1)$ 分别取 2.0~3.0 为宜。应该指出，实际工程中溢洪道的窄缝挑坎收缩段一般设在泄槽末端的反弧段内，因而是一种流态相当复杂的急变流，上述基于一维非均匀渐变流的近似计算，只能用于底坡较小（-10°~+10°）、水深较大及流态较佳的条件。

10.2　窄缝挑坎水舌的上、下缘挑距

10.2.1　水舌上缘挑距

　　对于窄缝挑坎，由于通过侧墙的强烈收缩，收缩段内水面线沿程迅速向上倾斜，窄缝挑坎末端各断面的流速和方向各不相同，水舌外缘自然形成出射角为 θ_m 的向上倾斜的抛射轨迹，而水舌的内缘则基本上仍按挑坎的挑角出射。这种三维水流的特点，使窄缝挑坎水舌挑距的计算比等宽挑坎复杂。

　　对窄缝挑坎水舌挑距的计算公式仍基于不计及空气阻力及掺气影响的质点抛射运动的轨迹方程，在计算水舌外缘挑距时，只考虑对形成水舌外缘轨迹真正起作用的水舌表面流束的水质点的抛射运动。依上述定义，水舌外缘轨迹挑距系从挑坎末端算起，至与下游水面接触处，如图 10-7 所示，坐标原点 O 取窄缝挑坎末端坎顶铅直向上与水舌外缘的交点，y 轴取铅直向上，即从 O 点算起的轨迹方程为

$$y = x\tan\theta_m - \frac{g}{2(v_m\cos\theta_m)^2}x^2$$

以 $x = L_1, y = -(h_1 + h_2)$ 代入，即可得

$$\frac{g}{2(v_m \cos\theta_m)^2} L_1^2 - L_1 \tan\theta_m - (h_1 + h_2) = 0 \tag{10-26}$$

式（10-26）经演化，即可得窄缝挑坎水舌上缘挑距 L_1 的计算式为

$$L_1 = \frac{v_m^2}{g} \cos\theta_m \left(\sin\theta_m + \sqrt{\sin^2\theta_m + \frac{2g(h_1 + h_2)}{v_m^2}} \right)$$

$$= \frac{1}{2} Fr_1^2 h_1 \sin2\theta_m \left[1 + \sqrt{1 + \frac{2(h_1 + h_2)}{Fr_1^2 h_1 \sin^2\theta_m}} \right] \tag{10-27}$$

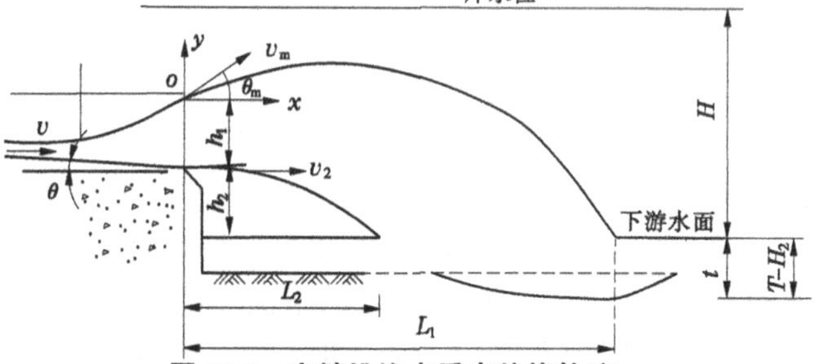

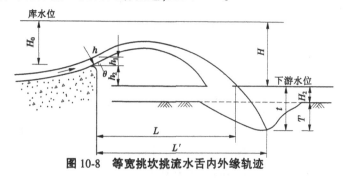

图 10-7　窄缝挑坎水舌内外缘轨迹

式中：L_1 为自窄缝挑坎末端算起的挑流水舌外缘挑距，至下游水面，m；θ_m 为水舌外缘轨迹原点出射流速 v_m 处的出射角；h_1 为坎顶铅直方向水深，m，根据泄槽及收缩段水面线计算求得；h_2 为坎顶至下游水面高差；g 为重力加速度；Fr_1 为 $\sqrt{v_m^2/gh_1}$ 窄缝挑坎出口弗劳德数。

将式（10-27）中的 θ_m 换成 θ，θ 为等宽挑坎的挑角，则式（10-27）化为等宽挑坎的挑流水舌外缘窄缝挑坎的计算式：

$$L_1 = \frac{v_1^2}{g} \cos\theta \left(\sin\theta + \sqrt{\sin^2\theta + \frac{2g(h_1 + h_2)}{v_1^2}} \right) \tag{10-28}$$

式中：h_1 为坎顶铅直方向水深，$h_1 = h/\cos\theta$，h 为坎顶法向水深，可按推求水面线方法求得；v_1 为挑流水舌外缘原点 O 处的出射流速，见图 10-8。

图 10-8　等宽挑坎挑流水舌内外缘轨迹

式（10-27）和式（10-28）表明，窄缝挑坎和等宽挑坎挑距的估算，均统一在同一种坐标系统和计算体系之中。

对于窄缝挑坎挑流水舌外缘挑距的计算,涉及窄缝挑坎三维收缩水流的特征,对式(10-27)的计算,式中 h_1、v_m 和 θ_m 就成为研究的对象。

关于窄缝挑坎出口水深 h_1,可按式(10-21)式和式(10-22)计算。

关于窄缝挑坎末端水舌外缘轨迹原点出射流速 v_m 的计算,考虑到窄缝挑坎出口水舌表面是一条流线,水流的流动基本上属于势流(均匀各向同性紊流),其能头损失很少,故水质点的流速应该和该处的理论流速 $v_0 = \sqrt{2gH_m}$ 相近,故令

$$v_m = \varphi \sqrt{2gH_m} \tag{10-29}$$

φ 可定义为水舌表面一薄层流束的流速系数,$H_m = H_0 - h_1$ 为水舌表面原点 O 的水头,H_0 为挑坎处的水头。

关于 φ 的计算,其经验公式为

$$\varphi = \varphi_0 - 0.12(1 - \varepsilon^{0.6}) \tag{10-30}$$

式中,φ_0 相当于等宽挑坎($\varepsilon = 1$)的流速系数,其值可根据有关公式计算,如夏毓常基于边界层理论提出的计算式:

$$\varphi_0^2 = 1 - k_m \frac{S_d^{0.77} H_0^{0.50}}{q} \tag{10-31}$$

式中:k_m 为经验系数,可取 $0.014 \sim 0.025$;S_d 为泄槽(包括收缩段)的流程,m;H_0 为挑坎以上水头,m;q 为窄缝收缩段前的单宽流量,m³/(s·m)。

此外,φ_0 尚有其他的经验公式可供选用。

关于窄缝挑坎出口处水舌上缘的出射角 θ_m 的计算,窄缝挑坎末端水舌表面水质点的出射角是由于侧墙的收缩而自然形成的,由于表面冲击波形成水冠的水体单薄,决定水舌外缘挑距的仍然是出坎水舌主体的水面出射角 θ_m,影响 θ_m 的因素也比较复杂,在给定 v_m、h_1 和 h_2 的条件下,对式(10-26)求 $dL_1/d\theta_m = 0$,即可得到水舌外缘挑距 L_1 最大时的出射角:

$$\theta_m = \tan^{-1} \frac{1}{\sqrt{1 + 2g(h_1 + h_2)/v_m^2}} \tag{10-32}$$

式中,$v_m = nv_2$,h_2、v_2 分别由式(10-21)、式(10-22)求出,$n = 1.10 \sim 1.05$,挑坎挑角 $\theta = 0°$ 时取最大值,$\theta = 10°$ 时取最小值。

据试验观测,当收缩比选择适当时,水舌上缘常能达到最大挑距,其相应的出射角 θ_m 也最大($\theta_m = 40° \sim 45°$),当外缘某些水质点出射角大于 θ_m 时,则形成坍塌现象,出坎水舌表面倾角仍然保持 θ_m,因此一般仍然采用式(10-32)计算 θ_m 来估算窄缝挑坎出口处水舌上缘挑距。当采用式(10-32)计算 θ_m 时,应注意:

(1)当收缩比太大时,水舌上缘出射角小于 θ_m;当收缩比太小时,水舌上缘出射角大于 θ_m;这时水舌顶部倒塌严重。二者都应适当调整收缩比,使达到最大挑距。

(2)式(10-32)一般仅适用于挑坎的挑角 $\theta = 0°$,最大不应超过 $\pm 10°$ 的情况。

此外,在平底一级直线边墙窄缝挑坎条件下,有如下经验公式:

$$\theta_m = \tan^{-1} \left[\left(\frac{B}{b} - 1 \right) \frac{h_0}{l} \right] \tag{10-33}$$

式中:h_0 为收缩前断面水深;B 为收缩前槽宽;b 为窄缝挑坎末端槽宽;l 为收缩段长度。

但式(10-33)计算误差较大,可用下面经验公式计算:

$$\tan\theta_m = 2\lambda_0 h_0 \frac{\lambda_1(1+\varepsilon) - 2\varepsilon}{l\varepsilon(1+\varepsilon)} \tag{10-34}$$

式中,λ_1 由式(10-16)确定,λ_0 可由下面经验公式确定:

$$\lambda_0 = 1.482\omega^{0.46}Fr_1^{0.44} \tag{10-35}$$

式中,$1.22 \leqslant \omega = \sqrt{\dfrac{B}{l}}\dfrac{1}{\varepsilon} \leqslant 3.06, 5.49 \leqslant Fr_1 \leqslant 9.28$。

综上所述,关于窄缝挑坎出口处水舌上缘的挑距的估算如下:

(1)用式(10-29)计算窄缝挑坎末端水舌顶部(原点)的出射流速 v_m。

(2)用式(10-32)计算该点的出射角 θ_m。

(3)用式(10-21)或式(10-22)计算窄缝出口末端的水深 h_1。

(4)用式(10-27)估算挑距 L_1。

对上述计算方法,用东江的原型观测及水布垭的模型试验资料进行验算,如表 10-5 及表 10-6 所示。

东江原型观测右岸滑雪道右孔窄缝挑坎出口处水舌轨迹如图 10-9 和图 10-10 所示。

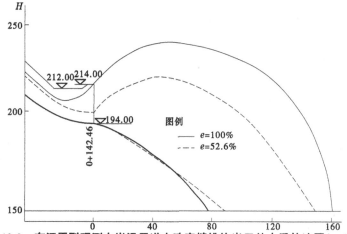

图 10-9　东江原型观测右岸滑雪道右孔窄缝挑坎出口处水舌轨迹图(一)

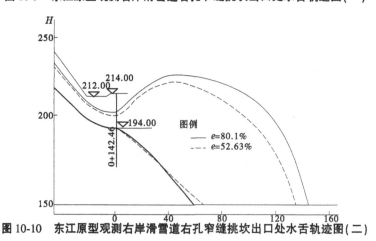

图 10-10　东江原型观测右岸滑雪道右孔窄缝挑坎出口处水舌轨迹图(二)

表 10-5 窄缝挑坎水舌上缘挑距东江原型观测验算成果

溢洪道	工况	窄缝出口水深 h_1(m) 计算 [式(10-22)]	原型	出射流速 v_m(m/s) 计算 [式(10-29)]	原型	出射角 θ_m(°) 计算 [式(10-32)]	原型	坎顶至下游水面高度 h_2(m) 194(坎顶高程－下游水位)	上缘挑距 L_1(m) 计算 [式(10-27)]	原型	误差 (%)
右岸右滑雪式溢洪道	I	19.22	20.3	33.07(φ=0.90)		34.32	41.43	44.64	163.3	160.4	+1.8
		19.22	20.3	31.23(φ=0.85)		33.49	41.43	44.64	150.3	160.4	+6.7
		19.22	20.3	29.39(φ=0.80)		32.57	41.43	44.64	137.8	160.4	−16.4
		—	20.3	32.78(φ=0.91)*			41.43	44.64	160.4	160.4	0
	II	7.7	7.68	35.72(φ=0.90)		30.04	33.53	44.82	174.9	148.7	+14.9
		7.7	7.68	33.75(φ=0.85)		35.92	33.53	44.82	160.1	148.7	+7.1
		7.7	7.68	31.75(φ=0.80)		35.12	33.53	44.82	146.1	148.7	+1.8
		—	7.68	31.75(φ=0.81)*			33.53	44.82	148.7	148.7	0
	III	9.85	9.28	35.24(φ=0.90)		36.20	32.36	44.97	172.9	147.1	+14.9
		9.85	9.28	33.29(φ=0.85)		35.47	32.36	44.97	158.6	147.1	+7.3
		9.85	9.28	31.33(φ=0.85)		34.64	32.36	44.97	144.9	147.1	−1.5
		—	9.28	33.29(φ=0.81)*			32.36	44.97	147.1	147.1	0
右岸左滑雪式溢洪道	IV	6.72	6.62	35.92(φ=0.90)		36.79	30.71	45.13	177.7	137.9	+22.4
		6.72	6.62	33.93(φ=0.85)		36.08	30.71	45.13	161.1	137.9	+14.4
		6.72	6.62	31.90(φ=0.80)		35.27	30.71	45.13	146.7	137.9	+6.0
		—	6.62	31.95(φ=0.78)*			30.71	45.13	137.9	137.9	0

注:1. 工况 I～IV 水力因素见表 10-1。

2. *者为原型挑距反算的值。

表 10-6　窄缝挑坎水舌上缘挑距水布置型模型试验资料验算

工况	挑角 (°)	窄缝出口水深 h₁(m) 计算[式(10-22)]	窄缝出口水深 h₁(m) 试验	出射流速 vₘ(m/s) 计算[式(10-29)]	出射流速 vₘ(m/s) 试验	出射角 θₘ(°) 计算[式(10-32)]	出射角 θₘ(°) 试验	坎顶至下游水面高度 h₂(m) 194(坎顶高程-下游水位)	上缘挑距 L₁(m) 计算[式(10-27)]	上缘挑距 L₁(m) 试验	误差 (%)
I	−10	20.61	19.80	48.27(φ=0.95)		40.88	38.30	19.10	274.4	289.0	+5.3
				45.73(φ=0.90)		40.48	38.30	19.10	249.7	289.0	−15.7
				48.42(φ=0.95)			38.30	19.10	274.2	289.0	−5.4
	−20	20.32	18.40	48.70(φ=0.95)		40.98	21.00	16.53	277.1	264.0	+4.7
				46.22(φ=0.90)		40.59	21.00	16.53	251.9	264.0	−4.8
				49.14(φ=0.95)			21.00	16.53	229.9	264.0	−14.8
II	−10	18.12		48.39(φ=0.95)		40.84		22.30	276.2	284.0	−2.8
		18.12		45.85(φ=0.90)		40.43		22.30	251.5	284.0	−12.9
	−20	17.88		48.91(φ=0.95)		41.16		19.73	278.9		
		17.88		46.33(φ=0.90)		40.78		19.73	253.6		
III	−10	16.35	15.30	48.36(φ=0.95)		40.76	30.54	24.90	276.6	279.0	−0.9
		16.35	15.30	45.81(φ=0.90)		40.35	30.54	24.90	251.8	279.0	−10.8
			15.30	48.55(φ=0.95)			30.54	24.90	264.5	279.0	−5.5
	−20	16.10	16.50	48.98(φ=0.95)		41.10	16.80	22.33	280.4	244.0	+7.7
		16.10	16.50	46.40(φ=0.90)		40.72	16.80	22.33	255.0	244.0	+4.3
			16.50	48.91(φ=0.95)			16.80	22.33	215.5	244.0	−13.2
IV	−10	12.93	13.00	48.57(φ=0.95)		40.67	25.30	29.70	279.7	264.0	+5.6
		12.93	13.00	46.02(φ=0.90)		40.25	25.30	29.70	255.0	264.0	−3.5
			13.00	48.56(φ=0.95)			25.30	29.70	252.3	264.0	−4.6
	−20	12.77	13.50	49.07(φ=0.95)		40.98	14.10	27.13	282.5	234.0	+17.0
		12.77	13.50	46.49(φ=0.90)		40.59	14.10	27.13	257.1	234.0	+9.0
			13.50	48.94(φ=0.95)			14.10	27.13	206.0	234.0	−13.0

注：工况 I~IV水力因素见表 10-3。

有关文献提出出射流速用挑坎出口断面平均流速 v_e 计算水舌外缘挑距,现用东江原型观测资料验算,如表 10-7 所示。

表 10-7　窄缝挑坎水舌上缘挑距东江原型观测资料验算(按平均流速法)成果

溢洪道	工况	窄缝出口水深 h_1(m)	出射流速(出口断面平均流速) $v_m=Q/b \cdot h_1$(m/s)	出射角 θ_m (°)	坎顶至下游水面高度 h_2(m)	上线挑距 L_1(m)		
		原型	原型	原型	194(坎顶高程-下游水位)	计算 [式(10-27)]	原型	误差 (%)
右岸右滑雪式溢洪道	Ⅰ	20.3	20.55	41.43	44.64	81.4	160.4	-49.3
	Ⅱ	7.68	22.55	24.84	44.82	89.6	148.7	+39.8
右岸左滑雪式溢洪道	Ⅲ	9.28	33.06	32.36	44.97	156.0	147.1	+6.1
	Ⅳ	6.62	26.22	30.71	45.13	110.2	137.9	-20.1

注:工况Ⅰ~Ⅳ水力因素见表 10-2。

引用枫树坝水电站模型试验资料,对用式(10-28)及式(10-29)计算等宽挑坎水舌上缘挑距进行验算,成果见表 10-8。

由以上各表验算结果可知,按式(10-28)及式(10-29)计算等宽挑坎水舌上缘挑距时,θ 取挑角 25°,误差 7.2%~15.3%;θ 取模型实测值,误差 0.1%~6.4%。

由表 10-7 的验算成果来看:

(1)用东江原型观测的 h_1、θ_m 及水舌外缘挑距 L_1 反算流速系数 φ,4 种泄洪工况 φ 的变化范围为 0.78~0.91;用建议的方法计算 v_m[式(10-29)]、h_1[式(10-21)和式(10-22)]、θ_m[式(10-33)、式(10-34)]计算水舌外缘挑距 L_1,在建议的流速系数 $\varphi=0.90~0.80$ 范围内,计算挑距的最大误差为 -1.5%~22.4%。

(2)用水布垭的模型试验资料进行验算,φ 取值 0.95,用公式计算 v_m、h_1 和 θ_m,计算挑距的误差为 -2.8%~5.6%($\theta=-10°$)和 -4.7%~17.0%($\theta=-20°$);φ 取值 0.90,用公式计算 V_m、h_1 和 θ_m,计算挑距的误差 9.0%~-15.7%($\theta=-10°$)和 -9.0%~-4.8%($\theta=-20°$)。

通过以上验算可以看出,用模型试验资料验算,φ 取值 0.95,计算值和试验值比较吻合,用原型观测资料验算,φ 取值 0.90~0.80,计算值和观测值比较吻合。这说明模型的出射流速 V_m 更接近理论流速,而原型由于绝对流速高,各种扰动更强烈,因而取 $\varphi=0.90~0.80$ 进行计算是可行的。此外,无论模型或原型,出射角 θ_m 随着挑角 θ 的变化而变化,但根据质点抛射公式导出的计算 θ_m 的式(10-32),并不能反映这种变化。因此挑角 $\theta=-20°$ 的计算挑距比 $\theta=-10°$ 时误差大,这说明式(10-32)仅适用于 $\theta=0°$ 的情况,对于 θ 不超过 ±10° 时,也可近似采用。

表 10-8　等宽挑坎水舌上缘挑距枫树坝模型试验资料验算成果

工况	挑坎出口水深（模型）h_1(m) 铅直 h_1	法向 ($h_1\cos\theta$)	出射流速 v_1(m/s) 计算 [式(10-29)]	按 1.1 倍断面平均流速计算	出射角 θ_m(°)	坎顶至下游水面高度 h_2(m) 铅直 h_1	法向 ($h_1\cos\theta$)	上缘挑距 L_1(m) 计算 [式(10-27)]	模型实测	误差 (%)
1	0.81	0.73	29.23(φ=0.95)		1	0.81	0.73	98.3#,(94.9)*	91.1	7.2#,(4.0)*
2	1.07	0.97	31.33(φ=0.95)	34.61	2	1.07	0.97	104.5#,(99.5)*	93.4	10.6#,(6.1)*
3	1.86	1.69	32.20(φ=0.95)	34.87	3	1.86	1.69	104.6#,(95.4)*	89.3	14.6#,(6.4)*
4	2.10	1.90	32.32(φ=0.95)	35.51	4	2.10	1.90	104.2#,(91.9)*	90.6	13.1#,(1.4)*
5	2.91	2.64	32.61(φ=0.95)	31.72	5	2.91	2.64	104.9#,(94.6)*	89.8	14.4#,(5.1)*
6	3.13	2.84	32.82(φ=0.95)	32.87	6	3.13	2.84	105.5#,(89.5)*	89.4	15.3#,(0.1)*,15.1**,(0.2)***

注:1. 工况 1：库水位 164.00 m，下游水位 94.08 m，闸门 4 孔全开，流量 1 210.70 m³/s；

工况 2：库水位 166.00 m，下游水位 98.56 m，闸门 6 孔全开，流量 3 235.14 m³/s[q=30.52 m³/(s·m)]；

工况 3：库水位 169.20 m，下游水位 102.59 m，闸门 6 孔全开，流量 5 699.75 m³/s[q=53.58 m³/(s·m)]；

工况 4：库水位 170.15 m，下游水位 103.6 m，闸门 6 孔全开，流量 3 235.14 m³/s[q=61.33 m³/(s·m)]；

工况 5：库水位 171.85 m，下游水位 105.06 m，闸门 6 孔全开，流量 3 235.14 m³/s[q=76.15 m³/(s·m)]；

工况 6：库水位 172.75 m，下游水位 105.63 m，闸门 6 孔全开，流量 3 235.14 m³/s[q=84.47 m³/(s·m)]。

2. #：式(10-30~10-32)算法；*：式(10-27)算法，出射角为挑角 25°；**：式(10-32)算法，出射角为模型实测值。

10.2.2　水舌下缘挑距

(1)窄缝挑坎水舌下缘挑距的计算与下缘挑距计算原理相同,下缘轨迹的坐标原点取在挑坎末端坎顶处($h_1 = 0$),出射流速 v_2 的出射角则为挑坎挑角 θ。由上缘轨迹方程(10-27),可得出水舌下缘挑距 L_2 的计算式为

$$L_2 = \frac{v_b^2}{g} \cos\theta \left(\sin\theta + \sqrt{\sin^2\theta + \frac{2gh_2}{v_b^2}} \right) \tag{10-36}$$

式中:v_b 为水舌下缘出坎流速。

由于边界层的影响,$v_b < v_2$,故实测 L_1 值比计算值小。根据试验,下缘挑距的计算式应为

$$L_2 = \frac{\alpha v_2^2}{g} \cos\theta \left(\sin\theta + \sqrt{\sin^2\theta + \frac{2gh_2}{v_2^2}} \right) \tag{10-37}$$

式中,$\alpha = 5/6$ 或 $\alpha = 1 - 0.007Fr_2^2$,$Fr_2^2 \leq 4.5$;当 $Fr_2^2 \geq 4.5$ 时取 0.85。

在平底($\theta = 0$)的情况下:

$$L_2 = \frac{\alpha v_2^2}{g} \sqrt{\frac{2gh_2}{v_2^2}} = \alpha v_2 \sqrt{\frac{2h_2}{g}} \tag{10-38}$$

在式(10-37)和式(10-38)中,坎顶末端原点 O 处出射流速 v_2 可用下面流速公式计算:

$$v_2 = \phi \sqrt{2gH_0} \tag{10-39}$$

(2)由式(10-37)和式(10-38)可见,计算窄缝挑坎水舌下缘最大挑距的关键是挑坎顶部出射流速 v_2 的确定,也就是该处流速系数 ϕ 的确定。影响 ϕ 的因素很多,包括泄槽沿程的水力摩阻及局部阻力(如设通气槽)、收缩段的阻力损失以及出坎顶水流的扩散和掺气影响等,这些都使窄缝坎顶出射流速 v_2 下降;此外,在水舌下缘下部空腔可能出现负压,下缘水舌出坎顶后压强突变可能引起的出射角下压等因素,也会引起下缘挑距缩短,这些因素对下缘挑距的影响都比较显著,故有关文献提出了一些对下缘挑距进行修正的方法,其中常用的有对 ϕ 的修正,如:

$$\phi = 0.82\phi \tag{10-40}$$

式中:ϕ 为水舌上缘的流速系数,见式(10-30)。

此外,有关文献建议,v_2 取窄缝挑坎末端断面的平均流速 v_e,并在计算挑距 L_2 时乘以一个影响系数 k,即

$$L_2 = kv_e \sqrt{\frac{2h_2}{g}} \tag{10-41}$$

影响系数 k 随出口断面的弗劳德数 Fr_e 而变,即

$$k = (1 - 0.007Fr_e^2) \quad Fr_e^2 \leq 45$$

$$k = (1 - 0.007Fr_e^2) \approx 0.85 \quad Fr_e^2 > 45$$

此外,可以用修正出射角 θ 对水舌下缘挑距进行修正,即式(10-37)中的 θ 用 θ' 代替,$\theta' = \theta - \Delta\theta$,$\Delta\theta$ 为出射角的修正值,当 $0.3 < b/B \leq 0.35$,$\Delta\theta = 16° \sim 12°$,当 $0.35 \leq b/B < 0.4$

时,$\Delta\theta = 14° \sim 10°$。

以上关于窄缝挑坎水舌下缘挑距的估算式为:

(1)用式(10-39)计算出射流速 v_2,坎顶处流速 v_2 的流速系数 φ 取 0.75 ~ 0.65,或按式(10-40)考虑,以及 k、θ 修正。

(2)用式(10-37)或式(10-38)计算挑距。

以上计算方法,用东江的原型观测资料及水布垭的模型试验资料进行验算,其成果分别见表 10-9 ~ 表 10-12。东江的原型观测资料见图 10-9、图 10-10。

表 10-9　窄缝挑坎水舌下缘挑距东江原型观测资料验算成果(φ 修正)

溢洪道	工况	坎顶以上水头 $H_1(1)$	坎顶至下游水面高度 $h_2(m)$	综合流速系数 φ_d	坎顶出射流速	水舌下缘挑距 $L_2(m)$		
						计算式 [式(10-38)]	原型	误差 (%)
右岸右滑雪式溢洪道	I	87.99	44.64	0.75	31.16	94.0	78.8	+16.2
		87.99	44.64	0.70	29.09	87.8	78.8	+10.3
		87.99	44.64	0.65	27.00	81.5	78.8	+3.3
		87.99	44.64	0.72*	29.90	90.2	78.8	+12.6
		87.99	44.64	0.63**	26.12	78.8	78.8	0
	II	87.99	44.82	0.75	31.16	94.2	89.6	+4.9
		87.99	44.82	0.70	29.08	87.9	89.6	-1.9
		87.99	44.82	0.65	27.00	81.6	89.6	-9.8
		87.99	44.82	0.67*	27.80	84.0	89.6	-6.7
		87.99	44.82	0.71**	29.63	89.6	89.6	0
右岸左滑雪式溢洪道	III	88.01	44.97	0.75	31.16	94.4	60.3	+36.1
		88.01	44.97	0.70	29.09	88.1	60.3	+31.6
		88.01	44.97	0.65	27.00	81.8	60.3	+26.3
		88.01	44.97	0.72*	29.90	90.5	60.3	+30.4
		88.01	44.97	0.48**	19.92	60.3	60.3	0
	IV	88.01	45.13	0.75	30.30	91.9	67.5	+26.6
		88.01	45.13	0.70	29.09	88.2	67.5	+23.5
		88.01	45.13	0.65	27.00	81.9	67.5	+17.6
		88.01	45.13	0.73*	30.30	91.9	67.5	+26.6
		88.01	45.13	0.54**	22.25	67.5	67.5	0

注:1. 工况 I、工况 II、工况 III 和工况 IV 水力指标同表 10-1。

2. * 者为按式(10-40)计算的值。

3. ** 者由原型资料反算而得。

表 10-10　窄缝挑坎水舌下缘挑距东江原型观测资料验算成果(k 修正)

溢洪道	工况	窄缝出口水深 h_e(m)(原型)	窄缝出口断面平均流速(原型) v_e(m/s)	窄缝出口形式弗劳德数 $Fr_e^2 = v_e^2/gh_e$	修正系数 k[式(10-41)]	坎顶至下游水面高度 h_2(m)	水舌下缘挑距 L_2(m)			
							计算			
							[式(10-38)]	修正值	原型	误差(%)
右岸右滑雪式溢洪道	Ⅰ	20.3	20.55	2.12	0.985	44.64	61.99	61.1	78.8	−29.0
	Ⅱ	7.68	22.55	6.75	0.95	44.82	68.18	64.8	89.6	−38.3
右岸左滑雪式溢洪道	Ⅲ	9.28	33.06	12.0	0.92	44.97	100.1	92.1	60.3	+34.5
	Ⅳ	6.62	26.22	10.59	0.93	45.13	79.53	77.15	67.5	+14.3

注:工况Ⅰ、工况Ⅱ、工况Ⅲ和工况Ⅳ水力指标同表 10-1。

表 10-11　窄缝挑坎水舌下缘挑距东江原型观测资料验算成果(θ 修正)

溢洪道	工况	窄缝出口水深 h_1(m)(原型)	坎顶至下游水面高度 h_2(m)	窄缝出口断面平均流速(型) v_2[式(10-39)] $\varphi = 1.0$	出射角修正值 $\Delta\theta$(°)	水舌下缘挑距 L_2(m)		
						式(10-38)($\theta' = \Delta\theta$)	原型	误差(%)
右岸右滑雪式溢洪道	Ⅰ	20.3	44.64	41.55	16	82.6	78.8	+4.6
	Ⅱ	7.68	44.82	41.55	16	82.9	89.6	−8.1
右岸左滑雪式溢洪道	Ⅲ	9.28	44.97	41.55	16	83.0	60.3	+27.3
	Ⅳ	6.62	45.13	41.55	16	83.2	67.5	+18.9

注:工况Ⅰ、工况Ⅱ、工况Ⅲ和工况Ⅳ水力指标同表 10-1。

表 10-12　窄缝挑坎水舌下缘挑距水布垭($\theta=-10°$)模型试验资料验算(φ 修正)

工况	坎顶以上水头 H_1(m)	坎顶至下游水面高度 h_2(m)	综合流速系数 φ_d	坎顶出射流速	水舌下缘挑距 L_2(m)		
					计算[式(10-38)]	原型	误差(%)
I	152.19	29.1	0.75	41.0	73.3	74.0	−0.95
	152.19	29.1	0.70	38.3	69.7	74.0	−6.2
	152.19	29.1	0.65	35.5	66.0	74.0	−12.1
	152.19	29.1	0.76*	41.5	74.0	74.0	0
II	150.40	32.3	0.75	40.7	78.0	74.0	+5.1
	150.40	32.3	0.70	38.0	74.1	74.0	+0.14
	150.40	32.3	0.65	35.3	70.1	74.0	−5.6
	150.40	32.3	0.70*	37.9	74.0	74.0	0
III	148.40	34.9	0.75	40.6	81.7	74.0	+9.4
	148.40	34.9	0.70	37.8	77.4	74.0	+4.4
	148.40	34.9	0.65	35.1	73.3	74.0	−9.6
	148.40	34.9	0.66*	35.6	74.0	74.0	0
IV	146.17	39.7	0.75	40.2	87.9	74.0	+15.9
	146.17	39.7	0.70	37.5	83.3	74.0	+11.2
	146.17	39.7	0.65	34.8	78.7	74.0	+6.0
	146.17	39.7	0.60*	32.1	74.0	74.0	0

注:1. 工况Ⅰ、工况Ⅱ、工况Ⅲ和工况Ⅳ水力指标同表 10-3。

　　2. *者由原型资料反算而得。

上面的验成果表明:关于 φ 修正,根据对东江原型观测资料的验算,对于闸门全开的组次,在建议的 φ 范围在 0.75~0.65 之内,计算值与原观值比较,误差为 3.3%~16.2%,由原型内缘挑距反算流速系数 φ 为 0.71;右岸左滑的误差较大,分析认为由表面强烈雾化与边缘摆动的水舌的入水长度反算内缘挑距,可能带来较大的观测误差,其中工况Ⅳ没有入水长度资料,而是由上部轨迹延长至水面确定的。根据对水布垭模型试验资料的验算,对挑角为−10°的组次,在 4 种泄洪工况下和建议的 φ 的范围内,最大误差为+15.9%~−9.6%,由试验资料反算的综合流速系数为 0.76~0.60;关于用 k 值修正,由于采用的是窄缝挑坎出口的平均流速 v_e,虽经 k 值修正,与原型实测比较,误差仍较大;关于用 θ 值修正,误差虽较小(+4.6%~−8.1%),但是试验资料尚少,在实际工程计算中难以采用。因此,建议采用对 φ 进行修正的方法计算下缘挑距,φ 取 0.75~0.65。

10.3　侧墙动水压力的计算

　　窄缝挑坎的侧墙急剧收缩,侧墙所受的动水压力将随着收缩比 $\varepsilon = b/B$ 和流量的增加而增加。侧墙上动水压力的分布形态见图 10-11。

　　由图 10-11 中可以看出,作用在收缩段侧墙及底部上的动水压力十分复杂。它一般由两部分所组成,一部分为水深所引起的静水压力,一部分为侧墙收缩和底坡改变引起流线弯曲产生的离心力和惯性力。因此,任一点的时均动水压力水头可由下式计算:

$$P/\gamma = h + C_{P1}v_1^2/2g + C_{P2}v_1^2/2g$$

式中:h 为任一点的水深;v_1 为未收缩段面的平均流速;C_{P1} 为侧墙收缩引起的附加压力系数;C_{P2} 为底坡改变而引起的附加压力系数。

　　由于窄缝挑坎挑角一般很小,故一般只考虑 C_{P1} 即可。最大的附加动水压力的大小和位置可按下面经验公式估算:

$$C_{P1\,m} = 1.019Fr_1^{-0.7085}(B_0/b_0)^{0.5438}\tan\alpha^{0.3089} \tag{10-42}$$

$$x_m/L = -0.1143 + 0.537Fr + 0.0719(B/b) - 0.3473\tan\beta \tag{10-43}$$

在初步设计阶段,可以用 $P/\gamma = (0.30 \sim 0.75)H_0$ 来考虑,H_0 为挑坎坎顶水头。

　　窄缝挑坎消能工的侧墙受力对它的结构设计是很重要的。作用在窄缝边墙上的动水作用力合力如图 10-12 所示,其中,F_x 是单侧边墙水平方向上的力,F_y 是单侧边墙侧方的力,F_z 是窄缝垂向受力。

　　根据冲量原理,可以分解为

$$\left.\begin{aligned}
F_x &= (1/2)\rho Q[v_1 - v_2(\sin\theta_1 - \sin\theta_2)/(\theta_1 - \theta_2)] + (1/4)\gamma h_1^2 B \\
F_y &= F_x\cot\beta \\
F_B &= \sqrt{F_x^2 + F_y^2} \\
F_z &= \rho Q v_2(\cos\theta_1 - \cos\theta_2)/(\theta_1 - \theta_2)
\end{aligned}\right\} \tag{10-44}$$

式中:β 为侧墙转角;θ_1 为水舌上缘最大出射角,一般为 40°～45° 或按照式(10-32)计算;θ_2 为挑坎挑角,一般为 0°～-10°。

　　关于窄缝挑坎收缩段边墙内侧所受的脉动压力,与一般急流脉动压力特征相似,除紊流边界层的压力脉动外,尚有急流冲击波交汇引起的水面波动产生的压力脉动,其最大脉动幅值可按该断面流速水头的 6%～10% 估算,在窄缝的出口取大值。由于急流压力脉动为随机性的,一般不会引起边墙的强烈流激振动,这已为东江的原型观测所证实。但是,对于一些高水头工程中,采用若干孤立的"宽尾分流墩"形成的窄缝异型挑坎,其脉动压力及流激振动特性,尚需根据实际的结构和水流条件通过试验予以论证。

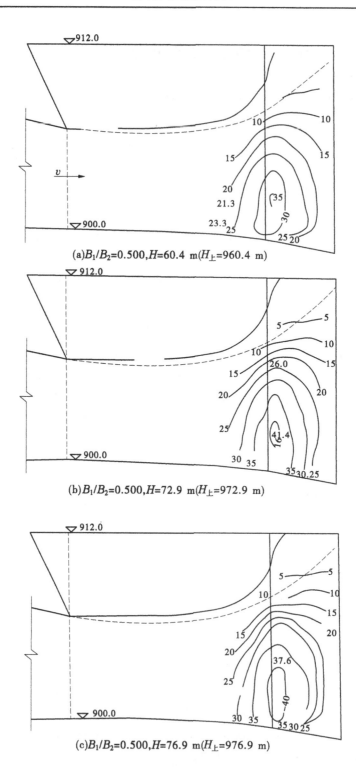

(a)B_1/B_2=0.500,H=60.4 m($H_上$=960.4 m)

(b)B_1/B_2=0.500,H=72.9 m($H_上$=972.9 m)

(c)B_1/B_2=0.500,H=76.9 m($H_上$=976.9 m)

图 10-11　窄缝挑坎内侧墙表面压力分布

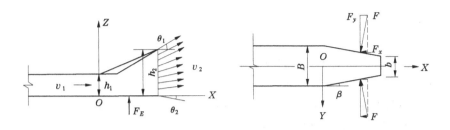

图 10-12　窄缝挑坎内侧墙受力合力计算简图

10.4　窄缝挑坎消能工冲刷深度的估计

窄缝挑坎消能工出坎单宽流量很大,但冲刷深度反而减少,因此不能简单沿用等宽挑坎的冲深公式计算。窄缝挑坎挑流消能的特点在于水舌在空中竖向、纵向和横向的充分扩散,它对下游河床冲刷的主要影响在于:

(1)水舌的竖向和纵向扩散增大水舌在空中与空气的接触面积,增强了掺气和在空中的消能作用,大大削弱了水舌核心区的范围和进入下游水垫的流速。

(2)水舌在空中的三维扩散,形成了水舌进入下游水垫后的三维紊动扩散的消能格局,从而大大增强了水垫中单位水体的消能率。

窄缝挑坎挑流消能的特点在于水流在空中竖向和纵向的充分扩散,而水流在空中扩散对下游冲刷的主要影响在于增大水舌入水面积,减小单位面积上入水的泄洪功率。因此,有些文献建议窄缝挑坎的最大冲刷深度的经验公式可写成:

$$T_{max} = K_1 K_2 (Q/A)^m H^{m/2} = K_1 K_2 q_A^{\ m} H^{m/2} \qquad (10\text{-}45)$$

式中:T_{max} 为从下游水位算起的最大冲深;q_A 为入水单宽面积流量,$q_A = Q/A$;Q 为泄流量;A 为总入水面积;H 为上下游水位差;K_1 为考虑岩石性质的经验系数;K_2 为考虑水舌横向扩散的经验系数;$m \approx 0.5$。

式(10-45)与前人沿用的 $T = K_1 q^m H^{m/2}$ 类似,但单宽流量改用了入水单位面积流量 $q_A = Q/A$,两者量纲已经不同,且在实际计算中,入水单位面积流量难以得到,需要进一步研究,而 K_1、K_2、m 的确定,要对窄缝体型、水流特性及下游河床地质特性与冲刷的影响做大量的工作才能确定,因而目前不具备可操作性。

此外,有文献提出的经验公式为

$$T_{max} = 0.56 \frac{q_A}{u_s} Z^{0.71} \varepsilon^{0.36} \left(\frac{B_0}{h_0}\right)^{0.25} H_2^{0.29} \qquad (10\text{-}46)$$

式中:q_A 为入水单宽面积流量,$q_A = Q/A$;u_s 为岩石的抗冲流速;Z 为挑坎上的总水头;ε 为窄缝收缩比,$\varepsilon = b/B$,其中 B 为窄缝收缩前槽宽,b 为窄缝出口槽宽;B_0 为窄缝上游控制断面宽度;h_0 为窄缝上游控制断面水深;H_2 为下游水深。

由式(10-46)的构成来看,也存在和式(10-45)类似的问题,因而不便在实际工程中采用。

在《溢洪道设计规范》(SL 253—2018)附录中建议等宽挑坎冲坑最大深度 T_{max} 按陈

椿庭公式估算:

$$T_{max} = K q^{\frac{1}{2}} H^{\frac{1}{4}} \qquad (T_{max} \geqslant H_2) \tag{10-47}$$

式中:T_{max} 为自下游水面至冲坑底的最大水垫深度,m;q 为出坎单宽流量,$m^3/(s \cdot m)$;H 为上、下游水位差,m;H_2 为下游水深,m;K 为冲坑系数,$m^{0.75}/s^{0.5}$,其数值见规范附录表 A.4.2,表中对难冲取 $K = 0.6 \sim 0.9$,可冲取 $0.9 \sim 1.2$,较易冲取 $1.2 \sim 1.6$,易冲取 $1.6 \sim 2.0$,适用范围为水舌入水角 $30° < \beta < 70°$。

类似的以 q、H 为主要参数的经验公式还有很多,只是 q、H 的指数及经验系数各家不同,但陈椿庭公式形式简单易记,在我国已广为应用,并已列入规范附录供设计参考。

为使窄缝挑坎挑流消能的最大冲刷深度估算式具有合理性与可操作性,经反复研究,我们在陈椿庭公式[式(10-47)]的基础上进行修正。首先考虑到式(10-47)已列入规范,其 K 值已经多年的深入研究,并广泛为水工水力学技术界所接受。事实上,窄缝挑坎本来就是由等宽挑坎收缩而来的,二者有很密切的渊源关系。经分析,由等宽变为窄缝,最主要的差别就是出口的收缩,在相同的条件(水力条件、地质条件等)下,最主要的差别就是窄缝挑坎出现了新的重要水力参数收缩比 ε(当然还有如收缩角等次要因素),$\varepsilon = b/B$(b 为收缩后挑坎出口宽度,B 为收缩前槽宽),因此收缩比 ε 应是影响冲刷坑最大水垫深度的一个最主要因素,可以认为在相同的条件下,收缩比 ε 是影响冲刷坑最大深度的最主要因素。为此,把窄缝挑坎挑流冲深估算公式写成:

$$T'_{max} = K_1 q^{\frac{1}{2}} H^{\frac{1}{4}} \varepsilon^m \qquad (T_{max} \geqslant H_2) \tag{10-48}$$

式中:q 为窄缝收缩前的单宽流量,$m^3/(s \cdot m)$,相当于等宽挑坎出口的单宽流量;H、H_2 分别为上、下游水位差和下游水垫深度,同等宽挑坎中的定义;ε 为窄缝收缩,$\varepsilon = b/B$,其中 B 为窄缝收缩前槽宽,b 为窄缝出口槽宽;K_1 为等宽挑坎的冲坑系数。

式(10-48)也可表示为

$$T'_{max} = T_{max} \varepsilon^m \tag{10-49}$$

式(10-48)、式(10-49)中 $\varepsilon = 1$(不收缩),就成为等宽挑坎的冲深。此两式间没有矛盾,且反映基岩抗冲特性的系数 K_1 可用(10-47)式的 K 值,而 K_1 已经得到广泛的研究和公认。换句话说,等宽式挑坎($\varepsilon = 1$)冲深估算式(10-47)是式(10-48)的特例。此外,在式(10-47)和式(10-48)的计算中,都应有限制条件 $T_{max} \geqslant H_2$。目前,对于等宽挑坎的冲坑系数 K,最小值已设为 0.6,比当初陈椿庭公式的 K 值已小了 50% 左右,而窄缝挑坎的最大冲深,又比等宽挑坎浅,因此有必要提示两式中隐含的 $T_{max} \geqslant H_2$ 条件,因为两式都是经验公式,在实际计算中,可能会出现 $T_{max} < H_2$ 的情况,这时应取 $T_{max} = H_2$,即冲坑深度为从河床面算起。

关于指数 m 的值,只能通过试验和原型观测来确定:

(1)引用东风水电站坝身中孔的等宽挑坎和窄缝挑坎的冲刷系统试验资料(《水利学报》,1988 年第 12 期),图 10-13 是该文中的图 2 和图 4,它们给出了系列收缩比 $\varepsilon = b/B = 0.333$、$0.500$、$0.583$、$0.666$、$0.833$、$1.000$(等宽)和未收缩前断面的不同弗劳德数 Fr_0 的冲深试验资料,其试验条件为下游水深 21.0 m,经用推荐式(10-48)验算,成果如表 10-13 所示。

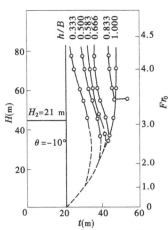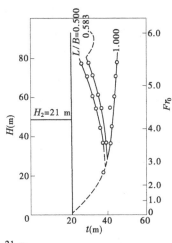

孔口尺寸：6 m×6.5 m,下游水深：21 m

图 10-13 东风水电站坝身中孔的等宽挑坎和窄缝挑坎系列冲刷试验资料

表 10-13 东风不同收缩比和不同 Fr_0 窄缝挑坎和等宽挑坎冲刷最大水垫深度系列试验资料验算

收缩比 $\varepsilon = b/B$		0.333	0.500	0.583	0.666	0.833	1.000
试验冲刷坑深度 T'_m(m)	$Fr_0 = 4.0$	24	31	34	37	44	49
	$Fr_0 = 4.2$	25	30	33	37	44	49
	$Fr_0 = 4.8$		32	35.3			43.4
	$Fr_0 = 5.14$		29.3	32.6			44.4
	$Fr_0 = 5.38$		26.5	30.6			45.0
不同 ε 和 $\varepsilon=1$ 的冲深试验成果的比值 $T_m'T_m$	$Fr_0 = 4.0$	0.52	0.63	0.69	0.76	0.90	1.0
	$Fr_0 = 4.2$	0.49	0.61	0.67	0.76	0.90	1.0
	$Fr_0 = 4.8$		0.74	0.81			1.0
	$Fr_0 = 5.14$		0.68	0.73			1.0
	$Fr_0 = 5.38$		0.59	0.68			1.0
由 $T_m'/T_m = \varepsilon^m$ 计算的 m 值	$Fr_0 = 4.0$	0.59	0.67	0.69	0.68	0.58	1.0
	$Fr_0 = 4.2$	0.65	0.71	0.74	0.68	0.58	1.0
	$Fr_0 = 4.8$		0.43	0.39			1.0
	$Fr_0 = 5.14$		0.57	0.58			1.0
	$Fr_0 = 5.38$		0.76	0.71			1.0
	平均	0.62	0.63	0.62	0.68	0.58	1.0

注: T_m'、T_m 的定义同上;Fr_0 为未收缩断面弗劳德数,$Fr_0 = v_0/\sqrt{gh_0}$;v_0 为未收缩断面平均流速;h_0 为未收缩断面水深。

(1)利用上述东风水电站的试验给出的收缩比 $b/B = 0.333$、0.500、0.583、0.666、0.833、1.000(等宽挑坎)的冲深资料,对冲刷系数 m 进行验算,其结果如表 10-14 所示。

表 10-14　东风模型试验窄缝挑坎冲刷坑指数 m 的验算

收缩比 $\varepsilon = b/B$		0.333	0.500	0.583	0.666	0.833	1.000(等宽)
试验冲刷深度 T_ε (m)		24 (25)*	30 (31)	33 (34)	37 (37)	44 (44)	49 (49)
不同收缩比冲深和等宽挑坎冲深比值 T_ε/T_1		0.49 (0.52)	0.60 (0.63)	0.67 (0.69)	0.76 (0.76)	0.90 (0.90)	1.0 (1.0)
m 值 的 验 算	$m = 2/3$ $\varepsilon^{2/3} = T_{max}/T'_{max}$	0.48	0.63	0.70	0.76	0.86	1.0
	$m = 3/5$ $\varepsilon^{1/2} = T_{max}/T'_{max}$	0.52	0.66	0.72	0.78	0.90	1.0
	$m = 2/3$ $\varepsilon^{2/3} = T_{max}/T'_{max}$	0.48	0.63	0.70	0.76	0.86	1.0
	$m = 3/5$ $\varepsilon^{1/2} = T_{max}/T'_{max}$	0.52	0.66	0.72	0.78	0.90	1.0
	$m = 1/2$ $\varepsilon^{3/5} = T_{max}/T'_{max}$	0.58	0.71	0.76	0.82	0.91	1.0

注:*括号外的数字为 $Fr_0 = 4.4$,括号内的数字为 $Fr_0 = 4.0$;$Fr_0 = v_0/\sqrt{gh_0}$ 为未收缩断面弗劳德数;v_0 为未收缩断面平均流速;h_0 为未收缩断面水深。

(2)引用东江模型试验资料,即窄缝挑坎(收缩比为 0.25,挑坎挑角 0°,有通气槽)与等宽挑坎(挑角为 25°)的冲刷深度资料,计算的冲刷系数 m 值见表 10-15。

表 10-15　东江模型试验不同流量下验算的 m 值

泄量 $Q_泄$ (m³/s)	等宽挑坎最大冲深 T_{max1} (m)	窄缝挑坎最大冲深 $T'_{max\varepsilon}$ (m)	指数 m
1 127	23.88	14.04	0.38
1 296	24.16	14.92	0.35
1 437	26.28	14.08	0.45

(3)引用水布垭的整体模型试验资料,由等宽挑坎($\theta = 10°$)和窄缝挑坎($\varepsilon = 0.28$,$\theta = -10°$)的对比试验,计算的冲刷系数 m 值如表 10-16 所示。

表 10-16　水布垭模型试验不同泄洪工况下验算的 m 值

库水位 (m)	下游水位 (m)	等宽挑坎最大冲深 T_{max1} (m)	窄缝挑坎 ($\varepsilon = 0.28$)最大冲深 T'_{max2} (m)	指数 m
401.0	227.0	65.0	40.0	0.40
402.2	229.2	65.2	46.2	0.26
402.5	229.8	65.8	41.8	0.36
404.5	233.4	68.4	45.4	0.32

(4)引用东江右岸右滑雪道窄缝挑坎的原型观测资料。此次泄洪,库水位 281.99 m,下游水位 149.86 m,由原型试验前的下游地形图(见图 10-14)可见,右岸右孔滑道中心线上河中最低高程 144 m,试验后最低高程为 140.4 m,实际冲坑深度 t＝下游水位－坑底高程＝9.46 m;东江的地基基岩为花岗岩,$v_坑$＝12 m/s,取 K＝0.8。由于试验首先是单孔局部开始,后全开,3 孔单泄水后,最后 3 孔联合泄洪,每次放水只有几分钟,最多 14 min,4 d 一共泄了 72 min,其中右岸右滑雪道一共泄了 26 min,因此右岸右滑雪道的泄流量以时间的加权平均获得 Q＝779.5 m³/s,单宽流量 q＝78 m³/(s·m),上、下游水位差为 132.14 m。用式(10-48)对冲坑最大水垫深度进行验算,其成果如表 10-17 所示。

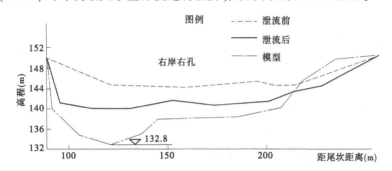

图 10-14　东江右岸右孔滑雪道中心线冲刷坑剖面(原型、模型比较)

表 10-17　东江原型观测冲刷坑最大水垫深度验算的 m 值

m	0.70	0.666	0.60	0.50	0.40
$\varepsilon^m(\varepsilon=0.25)$	0.379	0.397	0.435	0.5	0.693
$T'_{\max}$	9.08	9.51	10.42	11.98	16.60

由表 10-17 可见,m＝2/3＝0.666,与原型观测的冲刷深度 $T_{\max}$＝9.51 m,非常吻合。由图 10-14 的模型试验资料,冲坑最低高程 132.8 m,验算得 m＝0.36。

由上面的验算成果可以看出:根据对东风模型的系列试验资料的验算,试验收缩比 ε＝b/B＝0.333、0.500、0.583、0.666、0.833 及 1.000(等宽)和不同的 Fr_0＝4.0~5.38,试验条件 H_2＝21 m,得出的平均 m 值变化范围为 0.58~0.68,尤其是对工程实用的收缩比 ε＝0.333~0.500,其 m 值为 0.62~0.63;对东江模型试验资料的验算,收缩比 ε＝0.25 和挑角为 0°的四种不同泄洪工况(包括图 10-14 中的模型试验资料)下的 m 值变化范围为 0.45~0.35,平均值为 0.39;对水布垭的模型试验资料的验算,收缩比为 ε＝0.28,挑角为 −10°,四种不同泄洪工况下的 m 值变化范围为 0.40~0.26,平均值为 0.34。

因此,对推荐的窄缝挑坎冲深估算公式(10-48)中建议:

$$m = 1/3 \sim 2/3 \tag{10-50}$$

相应的收缩比 ε 的变化范围为 ε＝0.25~0.50,ε 小时 m 取小值,ε 大时 m 取大值,不同 ε 值可按线性插值原理取值,取分式是为了和陈椿庭公式在形式上统一。

目前关于 m 值的试验和原型观测资料尚少,今后有必要进一步收集有关资料进一步研究加以修正。

第 11 章　窄缝挑坎的体型设计

11.1　窄缝挑坎挑角的选择

一般等宽挑坎出坎挑流水舌上缘和下缘的出射角基本上等于挑坎挑角,工程设计中主要通过合理选择挑角,使水舌上缘挑距较大,并兼顾水舌入水角,挑坎挑角一般采用 15°~35°。

窄缝挑坎出坎挑流水舌上缘和下缘的出射角并不一致,上缘出射角主要由收缩段两侧墙的收缩确定,而下缘的出射角则基本上与挑坎挑角相同。窄缝挑坎对挑角的选择,主要是为了使水舌在空中做充分扩散,故应使上缘挑距 L_1 尽可能远,下缘挑距 L_2 尽可能近(以不冲刷岸坡为原则)。为使 L_1 最远,主要通过调整收缩比 $\varepsilon = b/B$ 获得。而要使 L_2 适当近,主要通过减小挑角 θ,挑角越小,L_2 越小,甚至可以是负角。试验表明,靠近挑坎的下缘部分水流,通常流量不大,分散度较好,因而不会造成建筑物附近河床的冲刷。从各个已建工程的情况来看(见表 11-1),采用的挑坎挑角范围一般为 -10°~+10°,而以 0°居多,采用正挑角的,大多与采用异型窄缝挑坎有关,它们大都在挑坎出口有一段正坡,坡角 10°左右,但在正坡段末端均有跌坎($\theta = -90°$),所以对一般窄缝挑坎,正挑角并不常用,也不宜大,因此建议挑角 θ 一般取 0°,正挑角最大不要超过 10°;当工程的特定地形和地质条件确定后,为了减少开挖量和避开不利的地质条件而使挑坎位置距离下游尾水面较高,或为了增加水舌在空中的扩散而采用较小的收缩比,这时挑角可取负值,以使挑流水舌下缘尽量向下扩散,根据实际情况,一般以取 -10°~15°为宜,如水布垭工程下游河床不衬护的防淘墙方案,$\varepsilon = 0.25$,$\theta = -10°$;当有某些特殊要求时,可采用较大的负角,如水布垭工程的一个设计方案,窄缝挑坎消能工下游设水垫塘,为了适应水垫塘的有限长度,取 $\varepsilon = 0.337\,5$,俯角 $\theta = -20°$。

表 11-1　已建工程窄缝挑坎体型和挑角参数

名称	泄水建筑物	泄量（m³/s）	收缩比 b/B	收缩段长（m）	收缩形式	挑角（°）
贝来希面	右岸溢洪道		8/37=0.216			0
阿尔门德拉	左岸溢洪道 2 孔	3 000	2.5/5=0.5	10	有转角	0
巴埃而斯	左岸溢洪道 3 孔	650	3/14=0.214	30	两次收缩	0
莫尼考根	底孔		1.5/3.4=0.44			0
东江	右岸溢洪道	6 075/2	2.5/10=0.25	30	折线,两次收缩	0
东风	左岸溢洪道 2 孔	2×2 100	3/12=0.25		弧线—直线	0
龙羊峡	右岸溢洪道 2 孔	2×2 950	4.038/9.784=0.413 3.838/9.754=0.393	13.0 13.0	异型窄缝挑坎	11.31
李家峡	左岸底孔 5×7	1200	2.5/5=0.5	10	异型	0
李家峡	左,右岸中孔	2 * 2 120	4.2/8=0.525	16	异型	0
安康	左岸 4,5 中孔溢洪道	2×2 456	4.5/11=0.409	18.0	异型	8.53
天生桥一级	右岸边溢洪道右 2 孔	2×4 350	6.466/14=0.462	19.0	异型	8.53
水布垭	左岸岸边溢洪道	182 80 5×3 656	4.0/16.0=0.25	30.0	直线收缩	−10

11.2　收缩比的确定

窄缝挑坎消能效果的好坏,主要取决于收缩比 $\varepsilon = b/B$ 的选择。但收缩比的确定,涉及窄缝挑坎的作用水头、泄量、收缩角、收缩段形式等诸多因素。在同一条件下,当侧墙长度及收缩段形式已定的情况下,一般而言,ε 越小越好,因为 ε 越小,水舌上缘出射角愈大,挑射水舌在空中的扩散愈充分,对下游河床的冲刷愈轻。但 ε 值应有一定的限度,因为 ε 太小,水舌外缘出射角太大,挑流水舌顶部出现倒塌现象,而且会使出口形成冲击波积聚的恶劣流态,反而使其挑距缩短。此外,ε 小使挑坎出口段水深大,侧墙压力也大,为了减小侧墙压力,降低侧墙高度,ε 也不能太小。文献[52]建议最大收缩比为

$$(b/B)_{\max} = 4\overline{h}_k = 4K^{2/3} \tag{11-1}$$

式中:$\overline{h}_k$ 为相对临界水深,$\overline{h}_k = h_k/H$,其中 h_k 为临界水深,$h_k = \sqrt[3]{\alpha q^2/g}$;$H$ 为上下游水位差;q 为收缩前断面的单宽流量;K 为流能比,$K = q/(g^{0.5}H^{1.5})$。

最大收缩比有时并不能满足要求,因而文献[14]提出了获得较好流态的收缩比的经验公式:

$$\varepsilon = b/B = Fr_1^{1/4}K^{2/3} \tag{11-2}$$

式中:Fr_1 为收缩起始断面的弗劳德数。

式(11-2)的适用范围为 $Fr_1 = 4.52 \sim 9.08$,$K = 0.0275 \sim 0.0984$。

此外,文献[23]提出一个最小收缩比的公式,可供参考:

$$(b/B)_{\min} = \frac{Fr_1(3.24 + 2\cos\theta_1)^{1.5}}{1.8(Fr_0^2 + 2\cos\theta_0 + 2\Delta/h_0)^{1.5}} \tag{11-3}$$

式中:Fr_0、θ_0 和 h_0 分别为收缩起始断面的弗劳德数、底坡角和水深;Fr_1、θ_1 分别为出口断面的弗劳德数、底坡角;Δ 为收缩段前后断面的高差。

11.3　收缩角及侧墙曲线形式的选择

选择侧墙的收缩角考虑的主要因素是:在相同的收缩比和相同来流条件下,由侧墙的收缩而产生的冲击波交汇点应尽可能靠近挑坎的出口,使冲击波交汇后,不致产生激溅现象,使水流在收缩段内的能量损失最小,以达到较大的出坎水舌上缘的流速和较远的挑距。一般侧墙的收缩角以取 $\theta = 8.5° \sim 12.5°$ 为宜,也可以通过冲击波交汇点的计算确定。

工程中常见的较简单的侧墙曲线形式有外弧、直线、折线、内弧、双内弧(曲线)等,见图 11-1。试验表明,在相同来流条件下,冲击波交汇 $a_1 < a_2 < a_3 < a_4 < a_5$,而以内弧及双内弧最靠近出口。选择侧墙的曲线形式时,一般以取直线为宜,这样施工方便,也便于进行设计计算。我国在研究窄缝挑坎的过程中,出现了一种曲面异型窄缝挑坎(如图 11-2 所示),即在收缩段内采用弧形贴角,有利于减小出口冲击波的积聚,水舌的上缘除竖向、纵向的扩散外,还有一定横向扩散,而且底部常开有小槽以便通气及水舌下缘的向下扩散,但是对于水头较高的工程,这种挑坎体型会产生空蚀(安康),故应慎用。

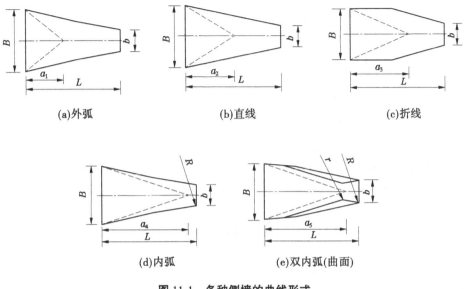

(a)外弧　　　　　　　(b)直线　　　　　　　(c)折线

(d)内弧　　　　　　(e)双内弧(曲面)

图 11-1　各种侧墙的曲线形式

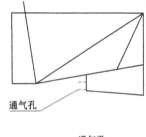

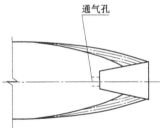

图 11-2　带通气孔的曲面异型窄缝挑坎

曲线异型挑坎的侧墙曲线有双曲弧及内弧[见图 11-1(e)],其半径 R 及 r 可用下式计算:

$$R = \left[L^2 + \left(\frac{B-b}{2} \right)^2 \right]^{0.5} \tag{11-4}$$

$$r = (0.5 \sim 0.7) R \tag{11-5}$$

此外,由于目的各有不同,如使水流转向、调整水舌落点和进一步加强空中扩散等,也有其他不同形式的挑坎出现,如非对称窄缝挑坎、扭曲窄缝挑坎等,这些挑坎统称异型窄缝挑坎。但是异型窄缝挑坎施工不便,且为最终确定其体型参数及水力特性均需通过水工模型试验研究确定。

11.4　挑坎高程

挑坎高程应根据溢洪道的布置,在既定的地形、地质条件下,使工程量最小和避开不利的地质条件,并结合水力条件的优化,通过比较选定。就水力条件而言,挑坎高程决定了挑坎坎末水头、挑坎末端水深及出坎流速,并最终影响到水舌挑距。因而,它又与窄缝收缩比 ε、边墙收缩段长 L 和边墙收缩角 α 密切相关。在同样水力条件和同一窄缝挑坎体型的情况下,挑坎高程不宜过高,否则,水流没有足够的动能,影响挑距;挑坎高程过低,则挑距短,水舌不能在空中充分扩散。分析表明,单纯从水舌上缘挑距最大及下缘挑距最短考虑,坎顶水头 H_0 可在 $(0.70 \sim 0.75) H_0$ 范围内考虑, H_0 为上下游落差。

11.5　侧墙高度的确定

窄缝挑坎收缩段内水深沿程急骤增加,其侧墙高度远高于等宽挑坎。因此,应在保证窄缝挑坎水舌正常工作的前提下,尽量降低侧墙的高度。试验表明,高速水流有很大的惯性,收缩段里的水流受侧墙收缩而向上和向前运动,即使窄缝内水舌上部没有侧墙的约束,水流仍然能依据其惯性向上和向前运动。因此,侧墙高度并不需要使收缩段内水流的上表面全部在侧墙之内通过。一般侧墙的最大高度可按最高水位泄洪时,距离挑坎出口约为1/3 收缩段长度处的水舌越出点的水舌高度来考虑。

参考文献

[1] 龚振瀛. 堰顶收缩射流及趾部戽式消力池联合消能工试验研究成果, 水电部第三工程局试验室, 水利水电科学研究院, 1978 年 2 月(另见郭子中《消能防冲原理及水力设计》, 科学出版社, 1982 年)。

[2] 林秉南、龚振瀛、刘树坤. 收缩式消能工和宽尾墩[R]. 中国水利水电科学研究院, 1979.

[3] Gong Z, Liu S, Xie S, et al. Flaring Gate Piers-An Innovation[C]//Proceeding International Symposium on Design of Hydraulic Structures, Fort Collins Colorado, USA. 1987.

[4] 林秉南. 我国高速水流消能技术的发展[J]. 水利学报, 1985(5).

[5] 李桂芬, 高季章, 谢省宗, 等. 高水头大流量泄洪消能新型式[C]//第二届中日河工坝工会议论文集. 1986 年第 11 月, 东京, 京都, 札幌。

[6] 刘永川. 新型消能工在安康水电站工程上的应用[R]. 中国水利部西北水利科研所, 1985.

[7] Xie S, Li S, Lin K. So me New Techniques for Energy Dissipation at Ankang Hydro-project[C]//Proceeding of International Symposium on Hydraulics for High Dams, Nove mber, 15-18, 1988, Beijing, China.

[8] 谢省宗. 宽尾墩联合消能工[C]//中国水力发电年鉴 (1984—1988), 学术书刊出版社, 1989.

[9] Lin B. Recent Chinese Progress in Hydraulics [C]//Special Lecture, 6th Congress Asian and Pacific Regional Division, IAHR, Kyoto, Japan, July, 1988.

[10] 林可冀, 于忠政. 安康水电站泄洪消能布置建筑物设计专题报告[R]. 水利电力部北京勘测设计院, 1986.

[11] 谢省宗, 李世琴, 等. 安康水电站泄洪消能布置一九八五年修改试验报告[R]. 中国水利水电科学研究院, 1986.

[12] 李世琴, 等. 安康水电站河床三中孔消能工形式试验研究报告[R]. 中国水利水电科学研究院, 1986.

[13] 谢省宗, 林秉南. 宽尾墩消力池联合消能工的消能机理及其水力计算方法[J]. 水力发电, 1992(1).

[14] 罗本珠, 周才力, 朱洪芬. 岩滩戽式消力池消能探讨及增设宽尾墩效益[R]. 广西电力工业局勘测设计院, 广西水电科研所, 1988.

[15] Zhou Caili, Lou Bingzhu, Zhu Hongfen. A Approach to Energy Dissipation with Bucket Basin [C]//Proceeding of ISHHD, Nov, 15-18, 1988, Beijing, China.

[16] 谢省宗, 朱荣林, 张元领. 岩滩水电站表孔水工模型试验报告[R]. 中国水利水电科学研究院水力学研究所, 1988.

[17] 谢省宗, 朱荣林, 张元领. 岩滩水电站表孔宽尾墩戽式消力池方案水工模型终结试验报告[R]. 中国水利水电科学研究院水力学研究所, 1988.

[18] 李世琴, 朱荣林, 张元领. 岩滩水电站表孔宽尾墩戽式消力池池底板与边墙压力脉动试验报告[R]. 中国水利水电科学研究院水力学研究所, 1988.

[19] 李世琴, 谢省宗. 岩滩水电站表孔宽尾墩戽式消力池底板振动计算研究报告[R]. 中国水利水电科学研究院水力学研究所, 1988.

[20] 谢省宗,朱荣林,李世琴,等.宽尾墩戽式消力池联合消能工水力特性的研究[R].中国水利水电科学研究院,1989.

[21] 谢省宗,朱荣林,李世琴,等.宽尾墩戽式消力池联合消能工的水力特性及其水力计算方法[J].水利学报,1992(2).

[22] Xie S, Zhu L, Li S, et al. Hydraulic Characteristics of Bucket Basin with Flaring Gate Piers[C]// 7 th Congress Asian and Pacific Regional Division, IAHR, Beijing, China, Nov, 1990.

[23] 广西电力工业勘察设计研究院,中国水利水电科学研究院,岩滩水电站工程建设公司.岩滩水电站宽尾墩–戽式消力池联合消能工水力学原型观测成果总报告[R].1996.

[24] Lin B. Recent Chinese Progress in Hydraulics[C]//Special Lecture, 6th Congress Asian and Pacific Regional Division,IAHR,Kyoto,Japan,July,1988.

[25] F. Hartung, et al.水跃下游大尺度紊动水流的冲刷能量[C]//水工译丛 第一集,长江水利水电科学研究院译,1976,4.

[26] 伊格拉琴柯.关于逆流消能工的作用[C]//水利译丛.水利部水利译丛编委会,水利出版社,1957年第一期.

[27] 李世琴,等.五强溪水电站溢流坝表孔新型联合消能工修改方案试验研究报告[R].中国水利水电科学研究院水力学研究所,1988.

[28] 水利电力部中南勘测设计院.沅水五强溪水电站泄洪消能专题报告[R].1986.

[29] 水电部中南勘测设计院科研所.五强溪水电站水工整体模型试验(第一阶段)报告[R].1986.

[30] 黄种为,庞昌俊,等.五强溪水电站泄洪消能新布置方案的试验研究[R].中国水利水电科学研究院,1986.

[31] 黄种为,庞昌俊,等.五强溪水电站泄洪消能新布置方案的补充试验研究[R].中国水利水电科学研究院,1987.

[32] 李世琴,等.五强溪水电站溢流坝表孔新型联合消能工修改方案试验研究报告[R].中国水利水电科学研究院水力学研究所,1988.

[33] 谢省宗,李世琴,李士一,等.宽尾墩—底孔—消力池联合消能工在五强溪水电工程中的研究和应用[C]//泄水工程与高速水流情报网第三届全网大会论文集,1990.

[34] Li S, Xie S, Li T. An Investigation on Jets Assisted 3-D Hydraulic Jump in the Stilling Basin Equipped with FGP[C]// Proc. Eight Congr. of the APD-IAHR Vol. Ⅲ. C-45 1992. 10. Indian.

[35] 中南水利水电勘测设计研究院.五强溪水电站《回顾与思考》.2005 年 6 月.

[36] 福建省水利水电勘测设计院实验室.福建省尤溪水电站整体水工模型实验研究报告[R].1991.

[37] 谢省宗,李世琴,李铁洁,等.福建省水东水电站宽尾墩—阶梯式坝面—戽式消力池联合消能工水力特性试验研究[R].中国水利水电科学研究院,1992.

[38] 福建省水利水电勘测设计院设计室.尤溪水东水电站宽尾墩—阶梯式坝面—戽池联合消能工结构设计小结,1994.

[39] 何同光,曾宪康,李祖发,等.水东水电站新型消能工结构优化设计[J].水力发电,1994(9).

[40] 蒋晓光.阶梯式溢流消能浅析,《泄水工程和高速水流》,泄水工程与高速水流情报网 1992 年,第 4 期.

[41] 何同光,曾宪康,李祖发,等.水东水电站新型消能工结构优化设计[J].水力发电,1994(9).

[42] 谢省宗,李世琴,李桂芬.宽尾墩联合消能工在我国的发展[J].红水河,1995(3),1996(1).

[43] 林可冀,韩立,邓毅国.大朝山水电站 RCC 溢流坝宽尾墩—阶梯式坝面联合消能工的研究及应用[J].云南水力发电,2002(4).

[44] 郭军,刘之平,刘继广,等.大朝山水电站宽尾墩-阶梯式坝面泄洪道水力学原型观测[C]//2002 年水工水力学学术讨论会论文集,昆明,2002,9,16-22.

[45] 刘树坤,等.潘家口水库利用宽尾墩提高消能效果水工模型试验研究报告 [R].天津:水利电力部第十三工程局勘测设计院科学研究所,1978.

[46] 刘树坤.宽尾墩挑流式消能工若干特性的研究[C]//水利水电科学研究论文集13集.北京:水利电力出版社,1983.

[47] 高仪生,金宝芬.隔河岩枢纽泄洪消能试验研究[J].长江科学院报,1993,10(4).

[48] 李桂芬,高季章.狭谷河段枢组(拱坝)消能形式[J].拱坝技术,1982(1).

[49] 高季章.窄缝式消能工的消能特性和体型研究[C]//水利水电科学研究院论文集(水力学)13 期.北京:水利电力出版社,1983.

[50] 高季章,李桂芬.窄缝式消能工在泄水建筑物中应用条件的初步研究[J].水利水电技术,1984(10).

[51] 章福仪.高坝深孔收缩式挑射流扩散及冲刷特性的试验研究[J].水利学报,1986(12).

[52] 韩立.龙羊峡水电站泄水建筑物高速水流问题[J].高速水流,1986(2).

[53] 宁利中.窄缝式消能工的压力分布规律及消能特性的探讨[C]//高速水流情报网大会论文集.1986.

[54] 章福仪,铁灵芝,车跃光.东风水电站坝身中孔收缩式挑坎射流冲刷深度的试验研究[J].水利学报,1988(12).

[55] 张彦法,吴文平.窄缝挑坎水面线及水舌挑距的试验研究[J].水利学报,1988(5).

[56] 李桂芬,高季章,刘清朝.窄缝挑坎强化消能的研究和应用[J].水利学报,1988(12).

[57] 黄智敏,翁情达.窄缝消能工动压及脉动特性[C]//全国高水头泄水建筑物水力学问题论文集.1987.

[58] 杨纪元.窄缝挑坎水舌挑距的计算方法[C]//全国高水头泄水建筑物水力学问题论文集.1987.

[59] 戴振霖,宁利中.收缩式窄缝挑流几个问题的研究[C]//全国高水头泄水建筑物水力学问题论文集.1987.

[60] 高仪生.收缩转向射流水垫塘联合消能工应用[C]//泄水工程与高速水流论文集.成都:成都科技大学出版社,1994,9.

[61] 陈维霞,杨炳桂.天生桥一级水电站溢洪道右槽水力学优化试验[C]//泄水工程与高速水流论文集.成都:成都科技大学出版社,1994,9.

[62] 贾孟元,诸宏,王晓萌.李家峡水电站左岸底孔泄水道几个高速水流问题试验研究[C]//泄水工程与高速水流论文集.成都:成都科技大学出版社,1994,9.

[63] 刘韩生,倪汉根.急流冲击简化式[J].水利学报,1999(6).

[64] 章福仪.窄缝挑坎水流及其射流挑距的计算[J].泄水工程与高速水流,1993(4).

[65] 章福仪,梁清烈,铁灵芝.峡谷河段高拱坝泄洪消能的研究[C]//水利水电科学研究院论文集(水力学).北京:水利电力出版社,1987.

[66] 水电规划设计总院,中国水力发电工程学会水工水力学专业委员会.高水头泄水建筑物收缩式消能工[M].北京:中国农业科技出版社,2000.

[67] 国家电力公司中南勘测设计研究院.湖南东江水电站滑雪式溢洪道水力学原型观测报告[R].1993.

[68] 大连理工大学.窄缝消能工的水力特性与计算方法研究[R].2000.

[69] 中国水利水电科学研究院水力学所.湖北北清江水布垭水利枢纽泄洪消能关键技术研究报告(可行性研究阶段)[R].1998.

[70] 中国水利水电科学研究院水力学所.枫树坝水电站扩建工程整体水工模型试验研究报告[R].2001.

[71] 谢省宗,李世琴,陈文学.收缩式消能工的水力计算[J].水利水电勘测设计标准化,2002(3).

[72] 黄国兵,王才欢,王春龙,等.水布垭泄水建筑物主要水力学问题研究[J].人民长江,2007,38(7).

[73] 黄国兵,陈俊,高仪生.水布垭枢纽泄洪消能防冲试验研究[J].长江科学院院报,2001,18(5).